EL RETO DE EUROPA: ESPAÑA EN LA CEE

Colección
Geografía de España

1. **El conocimiento geográfico de España**
   Juan Vilá Valentí
2. **España, país de contrastes geográficos**
   Alfredo Floristán Samanes
3. **El relieve**
   José Luis Peña Monné
4. **El clima y las aguas**
   Luis Albentosa Sánchez
5. **Biogeografía. Paisajes vegetales y vida animal**
   J. Manuel Rubio Recio
6. **La población española**
   Rafael Puyol Antolín
7. **Geografía agraria. Introducción a los paisajes rurales**
   Manuel Sáenz Lorite
8. **La pesca**
   Pere Salvá Tomás
9. **Fuentes de energía y materias primas**
   Mercedes Molina Ibáñez, Elena Chicharro Fernández
10. **Las actividades industriales**
    Ricardo Méndez Gutiérrez del Valle
11. **Comercio y transportes**
    Rosario Piñeiro Peleteiro
12. **Geografía del turismo**
    José R. Díaz Alvarez
13. **Las ciudades: morfología y estrutura**
    José Estébanez Alvarez
14. **Geografía de la pobreza y la desigualdad**
    Juan Córdoba Ordóñez, José M.ª García Alvarado
15. **La nueva situación regional**
    Julián Alonso Fernández
16. **El reto de Europa: España en la CEE**
    Fernando Arroyo Ilera
17. **Geografía electoral**
    Joaquín Bosque Sendra
18. **La red urbana**
    Andrés Precedo Ledo

Director:
Rafael Puyol Antolín

EL RETO DE EUROPA: ESPAÑA EN LA CEE

FERNANDO ARROYO ILERA

Profesor Titular de Geografía Humana
de la Universidad Autónoma de Madrid

EDITORIAL
SINTESIS

Primera reimpresión: mayo 1990
Segunda reimpresión: octubre 1991

Diseño de cubierta: Juan Calonje

Este libro ha sido compuesto mediante una ayuda concedida por el Ministerio de Cultura a la edición de obras que componen el Patrimonio literario y científico español.

Vallehermoso, 32. 28015 Madrid
Teléfono (91) 593 20 98

Depósito legal: M. 27.303-1991
ISBN: 84-7738-017-1

Fotocompuesto en FER Fotocomposición, S. A.
Impreso en Lavel, S. A.
Impreso en España - Printed in Spain

A Amparo,
Fernando y Carlos

Indice

Introducción: ¿Por qué el reto europeo?

El título de este libro, *El reto de Europa,* ha sido muchas veces repetido desde que se llegó a un acuerdo para el ingreso de España en la CEE. En discursos, prólogos o celebraciones se afirma que hemos alcanzado una meta histórica anhelada, que nuestra adhesión a la CEE es un acontecimiento de alcance histórico, de trascendental importancia, que supera los meros actos jurídicos y la simple integración económica para convertirse en una afirmación y en un acto de fe en el futuro de una Europa unida. Todo ello siempre que seamos capaces de asumir y responder al «reto europeo». Porque junto a la valoración de la adhesión, de su importancia y de su trascendencia se esconde el temor o, al menos, la preocupación de qué pueda pasar a partir de ahora.

Durante decenios gran parte de nuestras energías han estado dirigidas a lograr el ingreso, empleadas en vencer los obstáculos que se interponían para ese fin. Sólo ahora se empieza a cobrar conciencia de los problemas y de las oportunidades que, a la vez, se ofrecen a nuestro país como miembro comunitario. Como ha dicho Laín Entralgo, es un reto económico, industrial y jurídico que se concreta en las condiciones de asimilación por nuestro país del tantas veces citado *acervo comunitario,* sin lo cual no es posible que alcancemos las ventajas de la integración. A la vez, es un desafío de orden ético e intelectual, de modernización como corolario de la europeización, y en este sentido es una preocupación que se remonta a muchos lustros antes de la fundación de la CEE.

También desde el lado comunitario se tiene conciencia de este reto. La tercera ampliación de la CEE ha sido vista como la que ha supuesto a la Comunidad mayor número de problemas y la de mayor complejidad. Interrogantes, apuestas, desafíos y riesgos son los adjetivos más usuales en el informe monográfico que la *Documentation Française* dedicó a la adhesión de España y Portugal (Documentation, 1986), en donde no se duda en afirmar que esta ampliación ofrece a la Comunidad posibilidades de desarrollar nuevas perspectivas económicas y políticas.

¿Por qué y por quién los españoles nos sentimos retados? Los restantes países comunitarios, tanto fundadores como incorporados en anteriores ampliaciones, no se han sentido nunca desafiados por nadie al establecer su integración en este organismo supranacional. Seguramente de haberlo sido se habrían abstenido de ingresar en la Comunidad. Por supuesto que todo proceso de adhesión, que supone una comunidad económica, obliga a reajustes y sacrificios. Por eso los seis países fundadores tuvieron un periodo de doce años para ir aproximando sus economías, y algo parecido ocurrió con las sucesivas ampliaciones. Pero el caso español presenta peculiaridades objetivas que lo diferencian de los otros países comunitarios y que van más allá de lo puramente técnico o económico.

En primer lugar, la adhesión española culmina las más largas conversaciones mantenidas por la CEE con un futuro estado miembro. En total, veintitrés años desde que en 1962 se presentó la primera petición que nunca tuvo respuesta. Siete años para la firma del Acuerdo Preferencial de 1970, casi cinco para su renegociación, que nunca culminó, y, por fin, otros ocho para la adhesión propiamente dicha. El resultado es una larga y compleja casuística jurídica e institucional que ha sido reflejada en los tratados e instrumentos que, durante esos años, han presidido las relaciones hispano-comunitarias. Primero fue el Acuerdo del 70, solución original que, en su día, casi permitió la cuadratura del círculo, luego los problemas de su renegociación, por fin el Acta de Adhesión, la más larga y prolija de las de su género. En total, 403 artículos que, si bien incluyen a Portugal, se refieren fundamentalmente a España.

Estas diferencias formales encubren hechos de mayor trascendencia. Para España el ingreso en la CEE es mucho más que su incorporación al club de naciones desarrolladas más representativo del occidente europeo. Se trata de una nueva dimensión de su política exterior, de la superación definitiva de aislamiento y de la neutralidad de las últimas décadas. Además, aunque nunca se haya reconocido explícitamente la adhesión a la CEE ha supuesto también el ingreso en la OTAN y en el sistema defensivo del mundo occidental. Sobre todo, es la vertiente económica y comercial de ese cambio exterior la que tiene mayor trascendencia. Desde Cánovas y el 98 el retraimiento internacional de España quedó reflejado en un acusado proteccionismo comercial que, sólo en los últimos años, se fue amortiguando poco a poco. Con el ingreso en la CEE España, al tener que adoptar el arancel común frente a terceros (TEC) por lo general menos gravoso que el español, se ve obligada a realizar un desarme global más importante, si cabe, que la propia unión aduanera con los países comunitarios.

Además, Europa y lo europeo es también para España un problema de política interior. Desde el siglo XVIII, por lo menos, y de forma más acusada desde el siglo XIX, los españoles son conscientes que el futuro de su país está íntimamente ligado al tipo de relaciones que España mantenga con

Europa. *Casticismo* y *europeización* son así los extremos de una polémica a la que dedicaron su atención los mejores representantes de nuestra cultura. Este hecho se acrecienta notablemente en los últimos años del Régimen franquista, cuando Europa y lo europeo se convierten en sinónimo de democracia y de normalización política de España frente a la pervivencia del autoritarismo anacrónico del Régimen. La transición política a la democracia coincide con las conversaciones para la adhesión y con el establecimiento del sistema autonómico como forma de organización del Estado. Aspectos que quedan definitivamente unidos en el mismo proceso y justifican por sí solos la impresión de reto que recibe la sociedad española ante estas nuevas perspectivas.

Por eso, resultaría equívoco y parcial detenerse sólo en los aspectos económicos. Una perspectiva geográfica de la España comunitaria y europea ha de tener presente esos ingredientes rastreados con cierta perspectiva histórica en la que la concepción y la actitud que españoles y europeos han tenido de sus relaciones pasadas y tienen de las actuales sirva para explicar lo que supone esta última ampliación de la CEE. Así, el libro se divide en dos partes bien diferenciadas:

- En la primera, «España ante Europa», se intenta sintetizar las principales características de esas relaciones pasadas que culminan el 1 de enero de 1986.
- En la segunda, «España en Europa», se analiza el proceso de integración económica que se inició en esa fecha citada, con las particularidades que han de regir en el periodo transitorio.

Con ello se abordan las líneas básicas del problema, pero no de su solución. ¿Qué implicaciones para el futuro de Europa y de España tendrá la constitución de una Comunidad de doce estados en el momento presente? Porque, acostumbrados a fijarnos en el reto que Europa supone para España, nos pasa generalmente desapercibido el que, para ambas, constituye la coyuntura histórica de fines del siglo XX, la revolución tecnológica, la bipolarización del planeta, etc. ¿No será que volvemos a Europa para el acto final de su historia? País de los «frutos tardíos», como dijo del nuestro Menéndez Pidal, ¿estaremos repitiendo una vez más esa constante de nuestra historia? De momento, es una incógnita. Lo único cierto es que con reto o sin él, no quedaba otra alternativa. La supervivencia de nuestro país como colectividad moderna sólo es posible integrados en un sistema comunitario supranacional.

PRIMERA PARTE

ESPAÑA ANTE EUROPA

Analizar las relaciones de España con la cultura y el continente al que pertenece, del que constituye una parte esencial, no es tarea fácil. Las relaciones entre España y Europa han tenido siempre un componente de dificultades y problemas que se han manifestado tanto en los momentos críticos de los enfrentamientos bélicos, cada vez más lejanos, como en los más distendidos de negociación y aproximación, tal como ha ocurrido en las recientes conversaciones para la adhesión.

Desde que en el siglo XVII el proyecto internacional de los Austrias españoles quedó definitivamente relegado, nuestro país aparecía a los ojos europeos como la nación que «ambicionó demasiado», según expresaba Nietzsche, mientras que desde España, lo europeo era a la vez temido, condenado o deseado con igual fuerza.

Ello constituye un ingrediente más del actual reto europeo, que no puede ser ignorado en un estudio que pretende una valoración del mismo. Analizaremos, primero, los antecedentes y raíces de esa vieja polémica, para fijarnos, después, en las vicisitudes del largo camino para la integración.

1.

Las raíces de una vieja polémica: España y Europa

Desde el 1 de enero de 1986 el reto europeo se concreta en un problema de competencia económica. Pero no sólo es esto. Se trata también de un desafío por el despegue, la modernización y el progreso general del país, y en este sentido no es nada nuevo en la historia de España, en cuanto la necesidad de esa modernización y europeización han sido sentidas con anterioridad por nuestros mejores pensadores y cuenta con una larga y polémica tradición en nuestra cultura.

Cualquier proceso de integración en la CEE es un acontecimiento capital para el país candidato. Lo ha sido también para Portugal y lo fue, en su día, para los tres protagonistas de la primera ampliación o, más aún, para los seis fundadores. Pero en ninguno de estos casos ha adquirido el carácter trascendental y definitivo que ha tenido en España, como si para nuestro país se tratase de la única alternativa y del logro de una aspiración deseada desde mucho antes de la fundación de la Comunidad. Contrasta esta actitud con la manifestada por otras naciones, comunitarias o no, ante el hecho de la integración.

En 1957, junto a los seis signatarios del Tratado de Roma, otras siete naciones eligieron otro camino distinto para la cooperación económica, la EFTA, sin que nadie cuestionara su destino europeo. Ni tampoco se hizo respecto a Noruega, cuando este país rechazó, clara y explícitamente, en referéndum su integración en la CEE. Sin embargo, el caso español se nos presenta, individual o colectivamente, como un hecho «esencial» de nuestra realidad en cuanto nación o pueblo. Las dificultades del proceso negociador han sido sentidas con especial dramatismo, lo que explica también el apoyo unánime que todas las fuerzas políticas y sociales —una excepción respecto a otros casos similares— han dado siempre al proceso del ingreso en la CEE. Es el fin, o se pretende que sea, de un largo aislamiento responsable, por otro lado, de la marginación, retraso y postergación de España.

Si desde una perspectiva objetiva contemplamos la historia de nuestras relaciones con Europa la imagen no es, precisamente, de aislamiento y marginación, sino todo lo contrario. España ha estado presente, directa o indirectamente, en la mayoría de los conflictos europeos, seguramente en más de los deseables, lo que fue configurando su carácter de nación europea. Durante los siglos XVI y XVII nadie puede afirmar cabalmente que España estuvo aislada de Europa. La historia de los Austrias es a la vez historia de España y del resto del continente. En el siglo XVIII el irredentismo respecto a Utrecht y los Pactos de Familia con Carlos III cubren ampliamente nuestras relaciones con los países europeos. Sólo la neutralidad del corto reinado de Fernando VI permite hablar de cierto aislamiento, pero no en sentido peyorativo, pues proporcionó un fructífero periodo de paz y, en todo caso, es más comparable al aislamiento británico tan característico de este país, que a una marginación histórica. La situación es aún más clara en el XIX, en el que la Guerra de la Independencia, los Cien Mil Hijos de San Luis, el constante trasiego de exiliados, ejemplifican bien nuestras activas relaciones con los países vecinos. Sólo el 98, al final de la centuria, provoca el lógico repliegue ante el *Desastre* internacional, pero igual ocurre con los otros «noventayochos» de otras naciones europeas, o con los mismos EE.UU. con la Guerra del Vietnam bien entrado ya el siglo XX. Después, la no intervención de España en los dos grandes conflictos de la presente centuria tiene más que nada efectos favorables para el país.

Si exceptuamos los cuarenta años de Régimen franquista, nadie puede afirmar que el aislamiento haya sido una característica de nuestras relaciones exteriores. Como los otros países europeos, España ha tenido su proyecto de vida internacional, de actuación en Europa, que ha seguido y pretendido cumplir según las circunstancias. Otra cosa muy distinta es que ese proyecto haya sido el adecuado, o el que haya triunfado en distintas coyunturas. Muy al contrario, desde el siglo XVII se suceden las fechas desafortunadas, 1648, 1714, 1898, 1945, en las que España milita o simpatiza con los vencidos, lo que termina provocando una sensación de distanciamiento e incomprensión en la esfera internacional. Porque si bien son reales todos esos acontecimientos, también lo es que ha existido una cierta forma de aislamiento o aislacionismo español, pero más en las conciencias que en los hechos, de ahí que sea necesario analizarlo más en aquéllas que en éstos. Por lo general, es la derrota o la sensación de fracaso la que provoca el desconcierto y el deseo de retraimiento, aunque éste, en realidad, pocas veces ha llegado a producirse. El unamuniano grito *¡que inventen ellos!,* mezcla de orgullo y complejo de inferioridad, es expresión largamente sentida, aunque no confesada, por muchos compatriotas, aunque otros se empeñen, calladamente y con escasos medios, en contribuir modestamente al desarrollo cultural y científico de la Humanidad. *Casticismo, aislamiento, tibetanización,* se convierten, así, en ingredientes de la polémica sobre el ser de España. El tema de España es, en realidad, el de nuestras relaciones con

Europa. Nuestro «problema» o nuestro «enigma» como querían dos de sus mejores estudiosos es, en definitiva, el de si somos o no somos europeos (CEPEDA, 1975, p. 8). De ahí la trascendencia que para nosotros pueda tener cualquier hecho, como la adhesión, que ayude a despejar la incógnita.

El tema no se reduce únicamente a un problema de desazonada introspección histórica de los españoles. Numerosos pensadores europeos también han sentido curiosidad y han dirigido su atención atraídos por el «exotismo», las peculiaridades o el interés de la cultura e historia de España, en una mezcla de admiración e incomprensión, de simpatía y rechazo, que se refleja en la tópica frase «Africa empieza en los Pirineos», compatible, no obstante, con fecundas escuelas de hispanistas en varias ramas del saber.

Interesa, pues, en todo estudio que pretenda conocer la actual realidad de España en la Comunidad Europea, depurar y sintetizar las características de esa polémica, más de ideas y de interpretaciones que de hechos, su aspecto y raíces en escritores, historiadores, intelectuales y artistas, que en este sentido pueden actuar personificando el sentir popular. Se trata, en definitiva, de una forma de percepción geográfica, de la noción o concepto que españoles y europeos han tenido de las relaciones de sus respectivas comunidades, lo que en buena medida ha marcado los contactos pasados y seguirá haciéndolo en el futuro. El hecho material de nuestra integración en una comunidad económica sólo tendrá auténtica trascendencia histórica si es compartida como un ideal más por toda la población. Si en el pasado se ha caído frecuentemente en el exceso de considerar las relaciones entre Europa y España como una cuestión puramente intelectual, de afinidad cultural, corremos ahora el riesgo de caer en el extremo contrario y valorar sólo las circunstancias, ventajas o inconvenientes de nuestra integración económica.

1.1. España desde Europa

La imagen que de España han tenido generaciones de europeos hasta la Edad Moderna era la de tierras alejadas, en los confines occidentales del mundo conocido, zona limítrofe de la Cristiandad con el Islam, donde se libraba la lucha suprema contra éste, que las crónicas y la épica del momento contribuyeron a ensalzar casi tanto como la peregrinación a Compostela, el otro ingrediente principal de la noción medieval que tenían los europeos de España.

En el siglo XVI, como consecuencia de la expansión en Europa, es cuando lo español va a cobrar una notable actualidad en el continente. Los conflictos bélicos, la pretensión ideológica de la Monarquía Universal y el enfrentamiento religioso hace que esa expansión trascendiera pronto a las conciencias y movilizara, en favor y en contra, a los mejores pensadores y escritores del momento. El italiano Tomás Campanella fue autor de un voluminoso tratado, *De Monarchia Hispanica,* en que defiende la idea universal y católica de la Monarquía española, pero lo corriente es que fuera más abundante la literatura política y religiosa en contra de esos objetivos. La radicalización del enfrentamiento, en la segunda mitad de la centuria y sobre todo durante el XVII, agría la polémica y acentúa el enfrentamiento ideológico que, en síntesis, gira en torno a unos aspectos básicos: oposición a la idea imperial de los Habsburgos y defensa de la Monarquía nacional, protagonizada por Francia, que terminaría triunfando. Tal son los escritos de Chapelain, Casano, Scalígero, etc., incluso el mismo Sully, que en su *Grand Dessaine* establece un primer proyecto de unión europea, pero encubriendo en realidad una alianza antiespañola. La disputa internacional degenera pronto hacia las críticas y ataques a las peculiaridades de España, aprovechando cualquier noticia para ello. Es el caso de la *Leyenda Negra* americana construida sobre algunas exageraciones de la obra del padre Las Casas que, traducida al francés, italiano, holandés y latín, sirvió de base a muchas de las deformaciones que se hicieron de la colonización americana (Oexmelín, Montaigne, Montesquieu, etc.).

Otro ejemplo significativo es el de la Inquisición, institución que, al margen de la valoración historiográfica que pueda merecer, fue utilizada como exponente de la intransigencia y crueldad españolas, así como la razón del retraso cultural y científico del país. La bibliografía es abundantísima y frecuentemente tópica, como la del mismo Mercator, que en su *Minor Atlante* sostiene que en las Universidades españolas se desconocían los avances científicos, continuaban las disquisiciones escolásticas y casi no se imprimían los trabajos por falta de un lenguaje en el que pudieran expresarse adecuadamente (SAINZ, 1962, p. 79). Lógicamente, todas estas afirmaciones provocaron la correspondiente reacción, y no sólo de autores españoles, pues fueron también muchos los extranjeros, como Zipeo o Chiflecio, que intervinieron en defensa de la posición de España.

En este periodo la oposición europea a España se personifica en Felipe II, que quedará convertido en la representación de la represión y la barbarie hasta nuestros días. La *Apología* de Guillermo de Orange, los escritos de Antonio Pérez y el impacto que sobre la opinión europea tuvo el caso del príncipe Carlos, contribuyeron a crear una imagen que ni siquiera la más objetiva historiografía posterior ha podido depurar.

Es en este periodo cuando se configura también el alejamiento ideológico entre España y Europa, que Sainz Rodríguez denominara la «discrepancia espiritual con Europa» —con Francia, con Inglaterra y con Holanda fundamentalmente—, es decir, con las naciones llamadas a representar, en los próximos siglos, los ideales europeos y a extenderlos por todo el mundo. Y aunque el concepto que de España se tuviera en otras tierras europeas, como gran parte de Alemania y, sobre todo, en Italia, fuera muy diferente, la impronta ya estaba acuñada y ha pervivido hasta el presente.

En el siglo XVIII, reducida ya España a potencia de segundo orden, la polémica pierde virulencia pero mantiene el mismo cliché. Son varios los ejemplos en que se afirma o sostiene el retraso y miseria de España. El mismo Montesquieu, en una de sus *Cartas Persas,* recoge algunos de estos extremos. También Voltaire se pronuncia en algunos de sus escritos en similar sentido; pero es un breve artículo de Masson de Morvilliers, en la *Encyclopédie Méthodique,* donde éste se pregunta despectivamente sobre lo que se debe a España, y sobre lo que ésta ha hecho por Europa en los últimos siglos. El tono de la pregunta y la escasa consistencia de los argumentos provocaron una fuerte reacción en España (Cavanilles, Forner) y fuera de ella, pues dio lugar a un famoso discurso del piamontés Carlos Denina en la Academia de Berlín rebatiendo la postura de Masson (MARÍAS, 1963, p. 48).

El siglo XVIII tiene otra dimensión en las relaciones entre los países europeos que supera la simple discusión intelectual: los viajes de la Ilustración, mediante los que sus protagonistas, primero, y, más tarde, los lectores de la correspondiente narración entraban en contacto con las tierras, paisajes, hombres y sociedades del país visitado que puede así darse a conocer en toda su dimensión geográfica, lo que, en el caso de España, contribuyó a superar el estereotipo ideológico acuñado en los dos siglos anteriores. Las narraciones de B. Ward o de W. Bowles o de cualquier otro viajero de la Ilustración descubren junto al atraso y la pervivencia de notables anacronismos, los mismos deseos de reforma y progreso, en el Estado y en la minoría dirigente, que caracterizaban a la mayoría de los países europeos, pero desgraciadamente la tendencia se corta con el cambio de centuria y el estilo del nuevo siglo va a generar otro tipo de prejuicios.

El Romanticismo supone, en primer lugar, un creciente interés por todo lo español, en cuanto sinónimo de exotismo y particularidad cultural, pero estas notas se exageran dando lugar a frecuentes tópicos. En realidad, se dan en España los mismos fenómenos que en el resto de Europa, sólo que exagerados —antes de tiempo o fuera de él—, lo que incita un mayor interés sobre todos estos acontecimientos.

Perviven las viejas imágenes sobre la Inquisición, el oscurantismo y la represión, tan sugestivas para el espíritu romántico, y que los esfuerzos de los ilustrados no consiguieron desterrar, pero también aparecen nuevos puntos de interés en el pueblo llano y castizo, al que la Guerra de la Independencia ha convertido en protagonista, en sus expresiones y cultura sobre todo en sus diferencias con lo europeo y en su identidad mediterránea, oriental o africana. Los majos, gitanos o toreros son los nuevos arquetipos de esa imagen romántica de España, y como tales los protagonistas de novelas, dramas o «caprichos».

En el terreno historiográfico se acentúa, como en el resto de Europa, la valoración de lo medieval frente a los Austrias que, en lo referente a nuestro país, fue la actitud sostenida por A. Duverine en su obra *Cuadro histórico de los abusos y espíritu de Reforma política en España,* publicada en París en 1840 y en donde se sintetizan, al gusto europeo y francés, las causas de la decadencia de España desde el reinado de los Reyes Católicos (SAINZ, 1962, p. 117). Asimismo, Guizot en su *Histoire de la civilisation en Europe depuis la chute de l'Empire romaine* no tiene en cuenta para nada ninguna forma de contribución de España a esa civilización.

No fue más favorable la noción que los europeos pudieron formarse de España a la sombra del «positivismo». Los deseos de objetividad y cientifismo que le caracterizan y el determinismo físico que se impone en toda interpretación humana, son las causas de algunas simplificaciones sobre nuestro pasado histórico. El influjo del clima sobre la civilización es la argumentación básica para explicar, desde el punto de vista positivo, la peculiaridad española: altas mesetas de tierras áridas, un duro paisaje tan diferente al europeo y que recuerda, más bien, a Africa. De ahí la tópica simplificación de situar el límite septentrional de este continente en los Pirineos. Un ejemplo de todo ello lo podemos encontrar en la obra de Buckle sobre la *Historia de la Civilización inglesa* que, por comparación, contiene un capítulo dedicado a la historia del intelecto en España, que recoge los conceptos aludidos.

Quedó configurado así el tópico de una imagen que ha perdurado hasta nuestros días. Durante el siglo XIX sólo los emigrados y exilados españoles, del más diverso signo, supusieron un contacto de la España real con los pueblos que les servían de acogida. La idea que proporcionaban de su país era necesariamente sesgada, y demasiado mediatizada por las vivencias personales, pese a lo cual ejercieron un notable papel como divulgadores de la realidad española, aunque fue mayor la huella que a la inversa sobre ellos dejaron los países de su exilio.

España aparecía ante los ojos europeos de principios del siglo XX como una nación alejada, no sólo física sino también espiritualmente, casi africana, atrasada institucional y económicamente, pero, por ello, con una cultura de fuertes trazos y extraordinario vigor. En definitiva, país de acusados contrastes y de sugestiva atracción. Y lo cierto es que la realidad social no dejaba más que un estrecho margen para el tópico o la divagación lírica. Los problemas de la Restauración, la situación económica y la Dictadura de Primo de Rivera eran hechos concretos que establecían diferencias, más concretas aun, con las circunstancias europeas del momento. En 1926 el conde de Keyserling describía una visión de España que, a pesar de moverse en los límites de la más estricta admiración, reproduce la mayoría de los conceptos al uso sobre nuestra nación. «En sí misma», dice, «España no pertenece a Europa, sino a Africa», y aunque sabe que se está refiriendo sólo a Castilla, para él «Castilla es España». De aquí arranca su valoración de lo español como lo fantástico, incluso cósmico, encarnado en D. Quijote. Predominio de lo espiritual sobre lo material, en el que el honor es una pasión puramente subjetiva, y la muerte la suprema expresión de la libertad de vida. Es la España eterna —diferente dirán otros—, en la que lo antiguo sobrevive a lo nuevo, y que se resume en el predominio de lo «ético» sobre lo «lógico». Aunque no lo confiese Keyserling, como muchos de los autores europeos del momento que escriben sobre España, están contagiados ya por la polémica que, al menos desde el 98, se producía en el interior del país en torno a su problema y sentido histórico. Sólo al final de su ensayo llega a intuir la raíz de la cuestión cuando afirma:

> *...para el español actual acaso sea un obstáculo el eterno español Unamuno, siendo en cambio el europeo Ortega el camino inmediato de salvación.*
>
> (KEYSERLING, 1929, p. 93.)

Sólo diez años después de la primera edición de la obra de Keyserling los hechos parecían dar la razón a sus palabras. La Guerra Civil 1936-39 fue uno de los últimos acontecimientos españoles que conmovieron y más atrajeron la atención europea en el presente siglo. Bien sea por su carácter previo a la Guerra Mundial, que ya se esperaba, o por los elementos que intervinieron en nuestra contienda civil, este acontecimiento provocó una general movilización en todos los europeos, que no vieron el conflicto como algo extraño a sus intereses y sentimientos. Luego, en esa misma línea, importantes escritores dedicaron a nuestra Guerra su atención erudita produciendo valiosas aportaciones a su conocimiento y problemática, que es frecuentemente la de España.

La victoria de Franco volvió a poner de relieve las mismas ideas, y su valoración, que se tenía de España en el extranjero desde el siglo XVII: la pervivencia inquisitorial y el espíritu reaccionario y antiliberal, frente a las características de lo europeo reafirmadas, una vez más, con la derrota de los aliados de Franco. El exilio de muchos escritores e intelectuales españoles parecía confirmar esa imagen, que sólo empieza a cambiar a mediados de los sesenta, con la recuperación económica, la costosa emigración laboral hacia Europa y el lúdico turismo hacia España.

Por último, es necesario citar otra dimensión, culta, cualificada y más objetiva de la visión que en Europa se ha tenido de España, la del «Hispanismo». Resulta paradójico que una nación y una cultura que, al menos desde el XVIII, ha sido considerada lejana y diferente de lo esencialmente europeo, haya generado desde entonces una corriente de intenso interés que llega a nuestros días. En sentido estricto el *hispanista* es el especialista en temas de España, que ha dirigido su atención a las más diversas cuestiones, aunque por lo general son los aspectos históricos, sociales, artísticos y literarios los que mayor y mejor producción han determinado. Y no es raro el caso del investigador que, transpasada la frontera entre lo intelectual y la vivencia personal, haya terminado viniendo a vivir, incluso a morir, a España.

Por su trascendencia en el conocimiento del país y en el concepto que de él se tiene hoy día en Europa es necesario resaltar, sobre todo, las aportaciones historiográficas y literarias. Respecto a las primeras resultaría inabarcable una cita pormenorizada de todas ellas, sólo como ejemplo cabría mencionar los nombres de Braudel, Lapeyre, Levi-Provenzal o Vilar, entre los franceses, los de Brandi y Vossler entre los alemanes, Carr, Elliot, Thomas y Brenan entre los ingleses, y los italianos Almagia, Croce o Farinelli. A sus trabajos, y a los de otros muchos, se debe en gran medida, una clarificación en el conocimiento y en la explicación de nuestro pasado histórico, del mismo modo, en su día, fueron también escritores de esos mismos países los responsables en parte de la exageración y deformación.

El hispanismo, la hispanofilia o, simplemente, la afición por las cosas de España tienen en la literatura su vertiente más característica, hasta el punto de que temas típicamente españoles, reales o de ficción, constituyen constantes fuentes de inspiración de la literatura europea: Don Quijote, Don Juan, Celestina, Lazarillo, o figuras de nuestra historia, como El Cid, Cisneros, Don Carlos, Felipe II. Es lo que lleva a M. Montoliu a considerar a nuestra literatura como la despensa del ingenio y de la creación, mientras que la francesa es la elaboración y la italiana el adorno. Esta característica cobra un nuevo auge con el Romanticismo, en cuanto lo español es un ejemplo de literatura popular, legendaria y pintoresca. Como con cierta ironía dice Díaz-Plaja: «con el Romanticismo exportamos moros galantes y medievalismos macabros; importamos la lira sajona y el liberalismo».

En definitiva, la cultura y la historia de España, aparecen a los ojos europeos como una forma peculiar de las del resto del continente, de las que inevitablemente forman parte dada su notable contribución al patrimonio común. El interés que los escritores europeos de los últimos decenios han mostrado por España y lo español, no se debe tanto a las diferencias, sino al hecho de mostrar a las claras un proyecto de cultura europea distinto al que resultó consagrado por el éxito histórico. Casi podríamos afirmar que en todo este interés se refleja el fondo del subconsciente colectivo del europeo ante su misma complejidad y las dudas de su futuro más inmediato.

1.2. Europa desde España

La noción que en España se tiene, y sobre todo se ha tenido, de lo que es Europa y de lo que puede representar para nuestro país, es la que resulta más significativa a la hora de explicar la trascendentalidad y, en ocasiones, dramatismo que se han dado a nuestras relaciones con el continente. Ello es debido a que esa noción no es más que un ingrediente fundamental del concepto que los españoles tienen de su propio país, de su historia y su futuro. Como dijo Ortega refiriéndose al *Regeneracionismo:* «Se vio pronto que España era el problema y Europa la solución». El sentimiento de ese problema ha llenado los tres últimos siglos de nuestra historia. La presunta solución es la que puede empezar a producirse desde enero de 1986. Entre ambas fechas raro es el español que no se haya visto, de una u otra manera, afectado por la polémica.

No siempre fue así. Los españoles de la Edad Media y de principios de la Moderna tienen una conciencia clara de su pertenencia a Europa y a la *Cristiandad,* pertenencia que fue explícitamente elegida y ejercida frente al Islam (MARÍAS, 1987, p. 300), a diferencia de los demás pueblos de Europa que lo fueron por simple condición geográfica. Es esta idea la que sostiene Vives, Victoria, Suárez o Ginés de Sepúlveda en sus escritos sobre la defensa de Europa frente al turco y en la necesidad para ello de la paz entre los príncipes cristianos. Pero, a la vez, otros objetivos de la Monarquía española chocaban con resistencias en Europa que no eran bien comprendidas desde la Península. Se genera así la disputa ideológica a la que hacíamos referencia y que por parte española tiene en la *España defendida* de Quevedo y en las *Locuras de Europa* de Saavedra Fajardo sus más claros exponentes, aunque no los únicos. Se abre así un foso que el tiempo se encargará de aumentar. En 1653, B. Gracián en la segunda parte del *Criticón* concluía su juicio sobre los franceses afirmando: «...ellos son antípodas de los españoles».

El siglo XVIII supone, también en este terreno, un cambio de coyuntura. La nueva dinastía, el reformismo y la Ilustración marcan otra actitud respecto a Europa y singularmente a Francia. Por vez primera la idea de la necesaria modernización del país aparece unida a su «europeización». «No hay nación como Francia cuya superioridad sobre España es clarísima», dice Feijoo. La mejor política que se puede hacer en España es, pues, imitar lo francés. Esta es la actitud que, con mayor o menor intensidad, sostiene toda la minoría ilustrada dirigente del país, Ensenada, Aranda, Floridablanca, Campomanes, etc. Pero las ideas de esta minoría no pueden ocultar el sentir de la mayor parte de la población, generalmente francófoba, y los programas de modernización y europeización de aquélla encuentran pronto resistencias populares que determinados elementos conservadores se encargarán de avivar. Las posturas se irán radicalizando a lo largo de la centuria. Para los ilustrados, sólo lo francés, en cuanto Francia imponía su estilo a toda Europa, era sinónimo de mejora y modernización. Para otros, todo lo que no tuviera su raíz en lo puramente español, en lo castizo y en lo popular, debía ser rechazado. Y estos sentimientos encontrados no sólo caracterizaban la ideología de grupos distintos sino que, muchas veces, luchaban dentro del alma de los mismos individuos (MARÍAS, 1987, p. 141), como Jovellanos, Forner, o Goya. El motín de Esquilache, la expulsión de los jesuitas o el proceso de Olavide no son más que manifestaciones de esa tensión en la que lo europeo, la actitud frente a Europa y la modernización se convierten en un factor más de la polémica interna del país. Por eso, años después, dirá Eugenio D'Ors: «España es un perpetuo motín de Esquilache».

La Guerra de la Independencia rompe brutalmente ese enfrentamiento larvado hasta entonces, en cuanto la torpe intervención napoleónica, al intentar la modernización por la fuerza de las armas, deja sin defensa a los ilustrados, «afrancesados» desde entonces, y justifica la reacción antifrancesa y antieuropea. El drama de la Guerra no es tan sólo el desastre material y las víctimas que provocó, sino que hizo perder, durante más de un siglo, la sintonía con el mundo europeo a gran parte de la población española. Julián Marías ha estudiado magistralmente este hecho a través de la figura de Moratín:

> *Pero los ojos con que Moratín mira a Europa no son siempre los mismos. Durante su primer viaje, con Cabarrús ... no ve las cosas como las verá luego ... en 1816. ¿Qué ha cambiado? Europa sin duda —se dirá— la Revolución Francesa ... No, no es eso ... es España la que es otra. Son los ojos de Moratín los que no miran desde el mismo punto de vista sino desde otra España...*
>
> *Moratín cuando viaja por todos los países del Occidente europeo entre 1787 y 1796 se siente un* europeo en Europa. *España podrá ser un «pariente pobre», «venida a menos», pero pertenece con pleno derecho a la misma familia ... Ya veremos la terrible melancolía que lo invade cuando, unos años después, sienta en lo más hondo de su persona que* ya no es así, *y piense desesperadamente que la cosa no tiene remedio.*
>
> (MARÍAS, 1987, pp. 142-145.)

Esta va a ser la tónica predominante durante el XIX. Europa es algo lejano espiritualmente por muy próxima geográficamente que resulte, sobre todo para los numerosos exiliados de ambos bandos que se ven obligados a cruzar la frontera. Es la decepcionada visión de Francia que tiene Larra en su ensayo *Cuasi,* o la radicalmente condenatoria de Donoso, pero siempre, por uno u otro motivo, algo lejano de nuestra realidad nacional.

Es en la segunda mitad del siglo cuando se produce una sensible toma de conciencia del problema de la europeización de España, como consecuencia de las guerras civiles casi endémicas que el país soporta durante decenios. Los escritores de mediados de la centuria se dan cuenta, por vez primera, que las relaciones de su nación con Europa, y singularmente con

Francia, no son sólo un problema de la política exterior de España, sino que constituyen una cuestión vital para el futuro nacional. Se produce, pues, un consciente esfuerzo por definir, encauzar, promover o retardar esas relaciones como una «terapia más de los males de la patria», pues en este sentido las actitudes que se adoptan son distintas según la ideología de liberales, tradicionalistas, moderados o progresistas que caracterizan nuestro siglo XIX.

En primer lugar, es evidente un esfuerzo por disminuir la admiración por Francia y su influjo, casi exclusivo, sobre la cultura española. Vano propósito al principio, pues la mayoría de quienes eso pretendían eran hijos de la educación francesa. Se destaca, no obstante, la importancia de otros ámbitos exteriores con los que España pueda relacionarse, como el *iberismo* y la aproximación a Portugal (Mas y Sans), el *latinismo* y la *unión latina* (Valera y Castelar) y las relaciones con América y el *hispanoamericanismo.* El mismo Menéndez y Pelayo, en la famosa polémica sobre la Ciencia Española, sostiene que la decadencia científica de España se produce sólo desde finales del XVIII a consecuencia de la generalización de la influencia francesa. Pero son sentimientos muy matizados y frecuentemente contradictorios. Así, Galdós, Costa y Clarín mantienen una posición más moderada cuando no francamente francófila. Sólo tras el desastre de 1870 España se va abriendo a la influencia de otros países europeos, Inglaterra y Alemania fundamentalmente (Giner de los Ríos), aunque durante generaciones Francia seguirá siendo el espejo de la modernización y el filtro tras el que los españoles recibíamos la influencia europea.

La segunda característica de este período es la identificación entre europeización y regeneración. Joaquín Costa, a diferencia de los últimos testimonios que acabamos de ver, es un ferviente partidario de nuestras relaciones con Francia: «...la política de España con Francia ha de ser tratada más como interior que como exterior». Gracias a él, la europeización, la modernización, el progreso y el desarrollo de España constituyen un único y coherente programa de regeneración que resume las preocupaciones arrastradas desde tiempo atrás y supone el punto de partida de las aportaciones posteriores. Costa experimenta la misma sensación que Moratín cuando sale de España, *no sólo cambia de país sino de época.* No se ha mejorado nada en este sentido a lo largo del siglo. Hace falta, pues, clausurar el pasado y su retórica de glorias pretéritas, «doble llave al sepulcro del Cid», y abrir el país al extranjero: «Ahora principia a ser una verdad que ya no hay Pirineos, lástima no lo fuera desde hace noventa años». Sin embargo, su concepto de lo que es esa europeización es bastante elemental y simplista: regadíos, escuela y despensa, por lo que provocó la acerada crítica de Unamuno. Pero no se le puede negar claridad, contundencia y sentido práctico.

El 98, por el contrario, muestra mayor preocupación por la introspección teórica. Europeísmo sí, pero sin perder la autenticidad, será la máxima característica. ¿Cuál es esa autenticidad?, a su búsqueda se dedicaron los mejores representantes de la generación pero en actitud frecuentemente contradictoria y desconcertada, como expresión del desgarro moral que constituía su paradigma característico. No en vano se arranca de una derrota exterior, por lo que se mostrará ante el extranjero una actitud confusa y dubitativa. Además, la preocupación nacional se convertirá en tema literario, expresión estética de vivencias y sentimientos, de notable valoración artística. Ante la realidad de España se adopta un «doloroso sentir», un «amargo amor a España» que arranca de lo hondo del espíritu, igualmente alejado del patrioterismo conformista y de la admiración facilona hacia todo lo extranjero.

Frente a las recetas de aperturismo a Europa como remedio para todos nuestros males y a la aceptación e imitación de todo lo que venga de fuera, se opone la introspección histórica y «esencial» de España. Se intenta definir así un *Idearium español,* por Ganivet, o encontrar las bases de esa realidad española *En torno al casticismo,* por Unamuno. Tal vez sea Unamuno quien mejor representa ese deseo de autenticidad que le lleva a criticar el mimetismo con que se admite y desea la europeización. Propone, por el contrario, «españolizar a Europa», o más aún, «africanizar a España», sin que ello suponga menoscabo de la importancia que admite en las distintas culturas europeas, sino la necesidad de filtrar y adaptar lo que de fuera viene y no perder lo que ya tenemos dentro. Esta actitud coincide, y no por casualidad, con el momento de repliegue y recogimiento de nuestra política exterior tras el *Desastre.*

Por último, esa autenticidad, tan largamente buscada, es Castilla. Esa será la función de los narradores y poetas de la generación: Azorín, Baroja, Machado, etc., pero una autenticidad puramente estética y formal, sin ninguna trascendencia social. Las llanuras, mesetas y su aridez habían estado allí siempre y, en numerosas ocasiones, habían sido consideradas como la causa de nuestra diferencia con lo europeo y la razón de nuestro atraso y decadencia. Ahora los términos se invertían, no se entraba en valoraciones geográficas, históricas o económicas, simplemente se cantaba su belleza y el alma del pueblo que de ellas emanaba. Era como una sublimación voluntaria del subconsciente.

El 98 llena toda una época y define la actitud y el comportamiento en torno al tema de España y de Europa, de las generaciones siguientes, por lo menos hasta la Guerra Civil. De sus fuentes y desde sus coordenadas se realiza, en la primera mitad de nuestro siglo, las más importantes aportaciones españolas a la idea europea. Hasta entonces Europa había sido vista por los españoles como un problema o una solución, pero siempre desde una perspectiva y con un interés peninsular. Era algo que deseábamos o rechazábamos, pero en cuya esencia o problemática no entrábamos. Se daba por descontado que siempre había sido igual y resultaba impensable que también lo europeo tuviera su evolución y problemas. La Europa de principios de siglo presagiaba los graves conflictos bélicos que representarían el colofón de su esplendor y la «decadencia de Occidente». Tres siglos después, y en diferentes circunstancias que el español, también el modelo que se inauguró en Westfalia parece entrar en crisis. Ello incita al paneuropeísmo y excita el estudio de las características y futuro de Europa.

Tres figuras españolas destacan en este nuevo panorama. Ortega, Madariaga y Díez del Corral. El primero, que con la *España Invertebrada* se había revelado como uno de los pensadores más lúcidos de los que trataron el tema de España, se muestra en varios de sus escritos como un convencido europeísta y un decidido partidario de la superioridad europea en la *Rebelión de las masas.* Para Ortega siempre ha existido una cierta forma de *Estado europeo,* en cuanto es innegable la presencia, en cualquier época, de una opinión pública y europea que ha ejercido su presión sobre cada pueblo creando, en la práctica, un poder y un Estado. Ese Estado, que se materializa en circunstancias concretas, por ejemplo en el «equilibrio europeo», es la personificación de la cultura y del patrimonio común. Lo que ocurre es que los pueblos europeos tienen una forma dual de vida, homogénea y diferenciada a la vez, entre el nacionalismo y la supranacionalidad *(Meditación de Europa).*

Madariaga, por su parte, excelente conocedor del continente, ha perfilado, con indudable acierto, los caracteres distintivos del mismo, *Bosquejo de Europa,* y de los pueblos más representativos de la cultura europea que constituyen los ingredientes característicos de la misma *(Ingleses, franceses, españoles).* Uno y otro analizan el papel que a nuestro continente le toca desempeñar en una época de crisis y se muestran firmes partidarios de la unidad europea.

Finalmente, a mediados de los años cincuenta, Díez del Corral publicó su estudio sobre el *Rapto de Europa,* que podemos considerar como la tercera aportación teórica fundamental, hecha por un escritor de lengua española, al tema europeo. Recurriendo al conocido mito, muestra cómo las aportaciones culturales que Europa ha hecho a la Humanidad, han sido adaptadas o «raptadas» por otros pueblos y culturas que han sabido sacarle más partido y volverlas contra su civilización original.

En realidad estos tres autores son sólo los más representativos de la creciente preocupación que el tema europeo suscitaba entre los intelectuales españoles según avanzaba el siglo XX. La Guerra Civil, y su cruento desenlace, que tanta atención llamó a los europeos sobre España, incitó también a los españoles a prestar un mayor interés al tema de España y Europa. ¿Cómo pudo ocurrir la tragedia?, ¿En qué nos diferenciaba su resultado del resto del Continente? ¿Cómo podría condicionar todo ello nuestro futuro?

Estas y muchas otras preguntas más fueron hechas por las figuras más representativas de nuestra cultura: Marañón, Marías, Laín, Aranguren, etc. La consolidación de la CEE, en 1957, dio una dimensión práctica a lo que, hasta entonces, habían sido meros programas teóricos y excesivas disquisiciones especulativas. Por primera vez había una Europa concreta, institucionalmente configurada, con la que nos unían estrechos vínculos comerciales, tan prosaicos como evidentes, y de la que nos separaban diferencias políticas, jurídicas e institucionales no menos evidentes.

En torno a la CEE se montó, pues, la última disputa sobre el futuro de España. Mientras los partidarios del Régimen franquista sólo buscaban la homologación europea y el acuerdo comercial favorable que permitiera la perpetuación del sistema, la oposición, por el contrario, aspiraba a ver instaurado en España el mismo orden de valores democráticos que presidía la CEE. Todo ello entraña un cambio cualitativo esencial que no debe pasar inadvertido, el desarrollo económico de la década de los sesenta y los contactos sociales más fluidos debidos al turismo y a la emigración laboral situaron las relaciones entre España y Europa a un nivel muy distinto del tradicionalmente existente y facilitaron un cierto conocimiento de Europa a la masa de la población española.

En definitiva, la imagen que de Europa han tenido los españoles de las generaciones que han protagonizado el proceso de integración en la CEE ha sido, ante todo, el de un alcanzable punto de llegada que culmina el proceso de democratización del país. Algunos autores han subrayado la importancia de la aportación española al proyecto europeo (Areilza), lo que Julián Marías ha definido en numerosas ocasiones como «el proyecto europeo de España».

Otra característica distintiva de esta nueva imagen es que coincide con otra idea y estructura del Estado distinta de la establecida. Si para el 98 «Castilla ha hecho a España», la integración en Europa coincide, como ha señalado Racionero, con una España multirregional, o incluso multinacional, reconocida como tal en la misma Constitución. Ello no deja de tener su trascendencia en una Europa en la que el tema regional cobra actualidad día a día.

Una última nota cabría destacar en la actual imagen que desde España se tiene de Europa: ésta ya no es exclusivamente Francia. Sin negar la importancia del país vecino en la CEE, puesta de manifiesto en las negociaciones del tratado de adhesión, la tendencia a la supranacionalidad y el carácter multilateral de la Comunidad han diluido el monopolio que, para bien o para mal, ejercían los franceses sobre nuestros contactos con Europa. La diversificación de las relaciones comerciales con los otros países europeos y el mayor influjo anglosajón sobre nuestra cultura y educación han contribuido a ese mismo fin.

2.
El largo camino para la adhesión

Desde el 12 de junio de 1985, en que se firmó el Acta de Adhesión de España a la CEE o si se prefiere desde el 29 de marzo en que se llegó a un acuerdo, hasta el 1 de enero de 1986 en que se produjo el ingreso formal, fueron constantes las declaraciones políticas sobre la trascendencia del hecho, su carácter histórico y el logro que suponía al permitir nuestro ingreso en Europa poniendo fin al ancestral aislamiento español. Muchas de estas afirmaciones fueron, más que nada, retórica propia de la necesidad de subrayar la importancia del acontecimiento repitiendo algo que era obvio: España ha estado siempre en Europa y es parte de Europa.

La CEE no es más que un acuerdo económico con tácitas aspiraciones de unidad política que no puede considerarse como la única expresión de todo el Continente. Hay otras Europas fuera de la Comunidad, que no forman parte de ella porque no han querido, no han podido, o ambas cosas a la vez, pero cuya pertenencia a un conjunto cultural común nadie niega. Sin embargo, es preciso reconocer que hay algo de verdad en las afirmaciones que quieren ver en nuestro ingreso en la CEE algo más trascendente que la pura y simple incorporación a un organismo económico supranacional, y no sólo porque la CEE sea, hoy día, la voz unitaria más autorizada que existe en Europa, sino porque desde el lado español la adhesión fue el punto final de un largo camino por la normalización política y la modernización económica de nuestro país. «C'est un long chemin. Mais c'est un bon chemin pour l'avenir de l'Espagne», fueron las palabras de Couve de Murville al embajador Areilza cuando, como Presidente del Consejo de la CEE, recibió de éste en 1962 la primera demanda formal de asociación de nuestro país (ALONSO, 1985, p. 11).

Las vicisitudes de ese largo camino son esenciales para comprender muchas de las características y posibles consecuencias de la integración. El diálogo que durante casi un cuarto de siglo mantuvieron en Bruselas las delegaciones de España y la Comunidad vino a ser como el último episodio de la larga polémica sobre España y Europa que someramente hemos analizado en el capítulo anterior. Durante todo este tiempo, por encima de la mesa donde se mantenía una compleja negociación técnica, planeó en todo momento la sombra del viejo contencioso, las reservas de carácter político, nunca explicitadas pero siempre presentes, el imperativo de las raíces culturales, etc. Durante esos 23 años España fue primero un régimen político detestado que, sorpresivamente, se transformaba en democracia, un viejo país subdesarrollado, cuya expansión económica hacía sumamente apetecible, y a la vez problemático, el mercado español y, por último, un presunto candidato a la integración, deseado y temido a la vez. A la inversa, desde España, Europa también se presentó durante todos esos años con las mismas contradicciones, pues para los partidarios del régimen la integración era inevitable desde el punto de vista económico y deseable desde el político en cuanto supusiera de respaldo o reconocimiento internacional. Para la oposición democrática, y cada vez más para la mayoría de los ciudadanos, Europa era sinónimo de libertad y de normalización democrática del país.

La negociación resultó, tanto para españoles como para comunitarios, un interesante ejercicio de imaginación, ya que la necesidad de sortear todos estos escollos y compaginar tanta contradicción, terminaron por crear una compleja metodología que, en algunos caso, sirvió posteriormente para solucionar otros problemas similares. En una primera fase, las objeciones políticas impidieron la asociación según el artículo 238 del Tratado de Roma, vía utilizada por Grecia y Turquía para sus primeras aproximaciones a la Comunidad y que hubiera constituido un excelente vehículo para iniciar nuestras relaciones con la misma. Hubo que ingeniar otros caminos como el Acuerdo Preferencial, según el artículo 113, útil y operativo, pero insuficiente, en el fondo, para el país europeo que aspiraba a la adhesión total. Esta no fue posible hasta que, removidos los obstáculos políticos entre 1975 y 1977, se solicitó según el artículo 237, pero para entonces la crisis económica había levantado serios obstáculos técnicos y económicos donde antes había impedimentos políticos. Al final, sólo la firme decisión política de las Partes permitió llegar al acuerdo.

En todo este proceso, las negociaciones sirvieron para poner de relieve los principales problemas que, como temas centrales de las relaciones hispano-comunitarias, se repetían una y otra vez en sucesivas reuniones y contactos. El principal de éstos giraba en torno al sector agrario y, más concretamente, de nuestra agricultura de exportación, elemento básico del Acuerdo del 70, principal dificultad en la renegociación del mismo, y objeto de un tratamiento específico en el Tratado de Adhesión. Es lógico que ello fuera así, pues fueron los problemas agrícolas, sobre todo la necesidad de definir una política común en este sector, el motivo de las más agudas crisis comunitarias, 1961, 1963 y 1965, en los primeros años de su existencia (BELTRÁN, 1966, p. 40), y lo siguen siendo en la ctualidad.

La negociación con España no era más que una pieza de las relaciones de una Comunidad, que en sus orígenes era principalmente septentrional y atlántica, con la Europa mediterránea de la que nuestro país era el más claro representante, excepción de Italia, naturalmente. La necesaria expansión de la Comunidad hacia el sur, aún no resuelta satisfactoriamente, es un problema que se incardina frecuentemente con las negociaciones y relaciones hispano-comunitarias. Todo este esquema requiere un desarrollo cronológico que facilite su comprensión.

2.1. El aislamiento español y la integración europea

A finales de la década de los cincuenta los objetivos más inmediatos de la mayoría de los países de la Europa occidental y los que parecían preocupar en España eran totalmente divergentes. Mientras en los primeros la reconstrucción tras la Segunda Guerra Mundial, con ayuda del Plan Marshall, había supuesto el afianzamiento de la democracia como forma política y de la cooperación como modelo económico del continente, en España, el régimen de Franco, marginado por las potencias vencedoras y privado de las ayudas internacionales, había acentuado el aislamiento del país y consolidado una autarquía económica que en aquellas fechas había llegado al máximo de sus posibilidades.

El aislacionismo español, que durante el régimen franquista fue una auténtica marginación, va configurándose a lo largo del siglo XIX. La Guerra de la Independencia, los conflictos civiles, la pérdida de riqueza y la quiebra del proyecto de vida en común que ello supone, la independencia de las últimas colonias y la debilidad internacional, fomentan el «recogimiento» canovista, la negativa a participar en los asuntos no estrictamente nacionales (REQUEIJO, 1985, p. 11) y el proteccionismo, cada vez más estricto, como instrumento de política económica. La Guerra Civil, y las sanciones internacionales, tras la Segunda Guerra Mundial, completan la mencionada imagen. Hasta 1950 no se alcanzaron los niveles productivos anteriores a la Guerra Civil. En 1958 el Plan de Estabilización supuso el comienzo de la liberalización del sistema económico español y su intento de crear vínculos de cooperación internacional (OECE), muy difíciles de lograr con los antecedentes aludidos. Por eso España era, en 1960, uno de los países europeos que tenía menor comercio exterior (LARRAZ, 1961, página 114).

Cuando esto ocurría en España, la mayoría de los países europeos habían superado ya la fase de la cooperación y se orientaban por las diversas formas de integración. En principio se constituyeron con este objetivo dos organizaciones de signo muy distinto que agrupaban a la mayor parte de los países de la Europa Occidental: Mercado Común, con los seis signatarios del Tratado de Roma, y la EFTA, o Asociación Europea de Libre

Comercio, integrada por siete países que en diciembre de 1959 firmaron el Tratado de Estocolmo. Las diferencias entre ambas fueron significativas desde el principio. El Mercado Común pretendía una Unión Aduanera, como camino para la Comunidad económica y tal vez política. Su base era esencialmente continental y giraba en torno a la alianza franco-alemana que, completada por el Benelux e Italia, se asentaba firmamente en el *centro* de la Europa Occidental. La EFTA, por el contrario, era más bien una construcción *periférica,* basada en el Reino Unido y las penínsulas escandinavas. Sólo pretendía la creación de una zona de libre comercio sin más ambiciones políticas, ni siquiera económicas. Pronto se vio que la unidad de Europa, de ser factible, lo sería siguiendo el primer camino (LARRAZ, 1961, p. 42).

Los indecisos gobiernos españoles de la época mantuvieron sus dudas durante demasiado tiempo. Todavía en abril de 1960 el ministro Ullastres, uno de los protagonistas de los primeros pasos de aproximación a Europa, afirmaba en la Universidad de Barcelona:

> *...debemos estudiar cuidadosamente lo que nos conviene: si unirnos a los Seis, o a los Siete, o esperar que se unan los Seis y los Siete.*
>
> (TAMAMES, 1972, p. 168.)

La disyuntiva no estribaba sólo si en una u otra organización, sino si sería posible la integración de España en cualquiera de las dos, pues las diferencias económicas de España con la mayoría de los miembros de esas organizaciones era considerable. Así, la renta «per capita» media de la CEE era 2,5 veces la española, y la de la EFTA aún más elevada, 3 veces (LARRAZ, 1961, p. 82).

No obstante, los acontecimientos se precipitaron y dejaron escaso margen de actuación. En el verano de 1961 el Reino Unido, admitía la inviabilidad de la EFTA y solicitaba su ingreso en la Comunidad, seguido meses después por la mayoría de los Siete. En 1962 la CEE promulgaba sus primeros reglamentos agrícolas que prefiguraban la PAC, lo que restringió nuestras exportaciones agrícolas a los Seis, mientras nuestras importaciones de los mismos progresaban con rapidez porque el desarrollo español exigía equipamientos industriales. El déficit español con Europa pasó de 200 millones de dólares, en 1962, a 800 millones, en 1965 (ALONSO, 1985, p. 26). La asociación o cualquier otro tipo de acuerdo era inevitable. Así lo entendió al fin el Gobierno español, que el 9 de febrero de 1962 solicitó formalmente un acuerdo de Asociación «susceptible de llegar en su día a la plena integración».

En esas fechas eso ya no era tan fácil. La Comunidad, ante el aluvión de nuevos acuerdos, había encargado al Parlamento un dictamen sobre las características y cautelas de éstos. El resultado fue el conocido *informe*

Birkelbach, cuya principal conclusión, en lo concerniente a la petición española, era que los países europeos *no democráticos,* no podía aspirar a la adhesión, ni siquiera a la asociación a la CEE, pudiendo establecer sólo meros acuerdos comerciales como con cualquier otro país no europeo. La petición española, formulada en los términos mencionados, quedó sin respuesta. Lo mismo ocurrió con otra carta, en el mismo sentido, enviada a Bruselas justo un año después. Mientras tanto, el tema también se politizaba en España y fuera de ella, siendo buena prueba la «reunión de Munich» de los representantes de la oposición al régimen de Franco, que tan violenta reacción provocó en éste. Sólo la tercera carta, de pretensiones mucho más modestas, solicitando cualquier tipo de relaciones con la Comunidad tuvo contestación oficial de la CEE autorizando la apertura de conversaciones exploratorias con el Gobierno de Madrid.

2.2. Las negociaciones para el Acuerdo Preferencial de 1970

Había costado dos años y cuatro meses llegar al punto inicial: La Comunidad y España estaban dispuestos a establecer un acuerdo; ¿pero qué acuerdo? Contestar a esta pregunta costará tres años más, el tiempo de las «conversaciones exploratorias» y de las constantes dilaciones hasta que el Consejo apruebe un primer Mandato de Negociación con España en julio de 1967. De aquí a 1970 transcurrirá la negociación del acuerdo propiamente dicho, para lo que será necesario otro segundo Mandato en 1969.

Este esquema cronológico permite detectar cuáles fueron los aspectos más trascendentes y problemáticos que se debatieron en dichas negociaciones y dieron lugar al acuerdo del 70. En primer lugar, el tipo de acuerdo, cuestión nada banal, como ya hemos visto, y que encerraba toda la problemática de nuestras relaciones políticas e institucionales con la CEE. La asociación «susceptible de llegar en su día a la plena integración» como quería España era inaceptable para la CEE, sobre todo después del informe Birkelbach. Un acuerdo comercial, único camino que aquél dejaba expedito, no convenía a España que se veía, y con razón, discriminada como país europeo. Por eso nuestra delegación hizo saber que sólo aceptaría un tratado que diera un acceso preferencial a los productos españoles al mercado europeo, con lo que se pudiera frenar el déficit de nuestro comercio exterior. Un acuerdo preferencial de esta naturaleza era, en el fondo, una asociación encubierta, pues según la normativa del GATT esas preferencias sólo son aceptables si sirven para poner en marcha un proceso de unión aduanera o de libre cambio que es lo que precisamente la Comunidad quería evitar. La solución fue ingeniar un Tratado Preferencial por etapas, en el que se regulaba sólo la primera, y no se pasaba a la segunda si no era previo acuerdo de las Partes, y cuando se reunieran ciertas condiciones que no se especificaban. Es decir, una forma encubierta de cercenar la dinámica legal del acuerdo hacia formas más completas de integración económica. Esta fórmula, cuya legalidad planteaba algunas dudas (TAMAMES, 1972, páginas 75 y 126), fue no obstante considerada como un hallazgo por la Comisión que luego la extendió a sus tratados con otros países mediterráneos (ALONSO, 1985, p. 29).

El otro tema básico fue el contenido del Acuerdo. El primer Mandato del 67 contenía escasas concesiones industriales y prácticamente ninguna concesión agrícola. El trabajo de la delegación española, durante esos años, fue ir ampliando esas concesiones hasta lograr unos niveles aceptables para España y que se pudiera llegar a la firma del Acuerdo en junio de 1970, entrando en vigor en octubre del mismo año.

Este Acuerdo Preferencial entre la CEE y España, primer documento oficial que fijaba un tipo de relaciones de nuestro país con la Comunidad, fue recibido de forma diversa por el Gobierno y la opinión pública española. El primero intentó insinuar un contenido de homologación política del Régimen del que el tratado carecía por completo. Desde la perspectiva contraria fue calificado frecuentemente como un mal acuerdo simplemente técnico que sacrificaba los intereses económicos del país a la búsqueda, precisamente, de ese reconocimiento político que nunca se lograría por este camino, sugiriéndose por algunos que hubiera sido preferible «insertarnos en el sistema de preferencias generalizadas» (TAMAMES, 1972, p. 127) como los países en vías de desarrollo.

Sin embargo, hoy día, con la perspectiva del tiempo transcurrido y siguiendo la opinión de un cualificado protagonista de la negociación, es posible una valoración más ponderada. Lo más evidente es su *asimetría* en favor de España, es decir, fueron mayores las rebajas arancelarias que nos concedió la CEE que a la inversa. En el terreno industrial, aquéllas suponían una reducción ponderada media del 63 por ciento para la mayoría de nuestros productos. En la agricultura, el tratamiento era mucho menos favorable, pero al menos se evitaron mayores discriminaciones. Por el contrario, las rebajas del arancel industrial concedidas por España a la Comunidad eran bastante menores y selectivas según productos, pudiendo cifrarse su media en un 25 por ciento (ALONSO, 1985, pp. 55-70). En la práctica el desequilibrio no era tan acusado, pues al ser mayor las compras españolas que las comunitarias y más elevado nuestro arancel que el suyo, lo cedido por España en recaudación aduanera fue también mayor, como ya denunciara algún autor en aquella época (TAMAMES, 1972, pp. 57-60). Asimismo, las concesiones agrícolas, por las que la delegación española tanto había batallado, quedaron también reducidas prácticamente a casi nada. Sobre todo a partir de los nuevos acuerdos que la CEE firmó con Marruecos y con Israel, a cuyos productos hortofrutícolas se les concedió un tratamiento mucho más favorable que a los nuestros. Además, en este terreno, como luego se demostró en la renegociación de este acuerdo y en el Tratado de Adhesión, la simple rebaja arancelaria, dado la complejidad de la reglamentación de la PAC, es un factor muy secundario.

El dato definitivo que permite un juicio favorable sobre este acuerdo fue el vuelco que contribuyó a dar a nuestras relaciones comerciales con la CEE, a pesar de la coyuntura poco apropiada para ello. A partir de 1971 el déficit se fue reduciendo con rapidez y en 1978 se alcanzó una balanza equilibrada que, con ligeros altibajos, se mantuvo hasta la adhesión. Asimismo, nuestras exportaciones fueron cada vez más de productos industriales, sin disminuir los tradicionales envíos hortofrutícolas, lo que en definitiva constituía su principal objetivo.

2.3. De la renegociación del Acuerdo de 1970 a la negociación para la Adhesión

Pronto se vio la necesidad de adaptar el Acuerdo con España, y con los restantes países mediterráneos, a la nueva coyuntura creada por la ampliación de la CEE con el Reino Unido, Dinamarca e Irlanda. En nuestro caso, la adaptación era absolutamente imprescindible dado la importancia de nuestras exportaciones agrícolas al Reino Unido y su diferente estructura respecto a las enviadas a los Seis, lo que hacía inviable la simple extensión del Acuerdo del 70 a los tres nuevos miembros. De haberse hecho así, el porcentaje de nuestras ventas que se beneficiaría de las concesiones comunitarias hubiera pasado del 62 al 21 por ciento (ALONSO, 1985, p. 79). Además, a lo largo del año 1973 fueron firmándose otros acuerdos con países de la EFTA por los que se estableció una zona de libre comercio industrial entre todos los miembros de ambas organizaciones, lo que suponía, de rechazo, que las manufacturas españolas serían los únicos productos industriales de un país europeo que tendrían alguna traba arancelaria para ser vendidos en ese mismo mercado europeo.

También la CEE deseaba una renegociación de sus acuerdos con los países mediterráneos, con los que tenía tratados de diversa naturaleza —asociación, preferenciales de distinto tipo, etc.—, para adaptarlos a las nuevas circunstancias creadas por la ampliación, y también, para definir así un marco global de las relaciones entre Europa y los países de la cuenca mediterránea, zona que volvía a cobrar un papel geoestratégico fundamental y hacia dónde, se preveía, se ampliaría la influencia comunitaria. Por ello se otorgaron, en junio de 1973, nuevos Mandatos de Negociación que contenían más concesiones comunitarias en el terreno industrial, que para España e Israel se asemejaban a una zona de libre comercio pero para los países árabes del Mediterráneo estribaban en una mejora de las preferencias

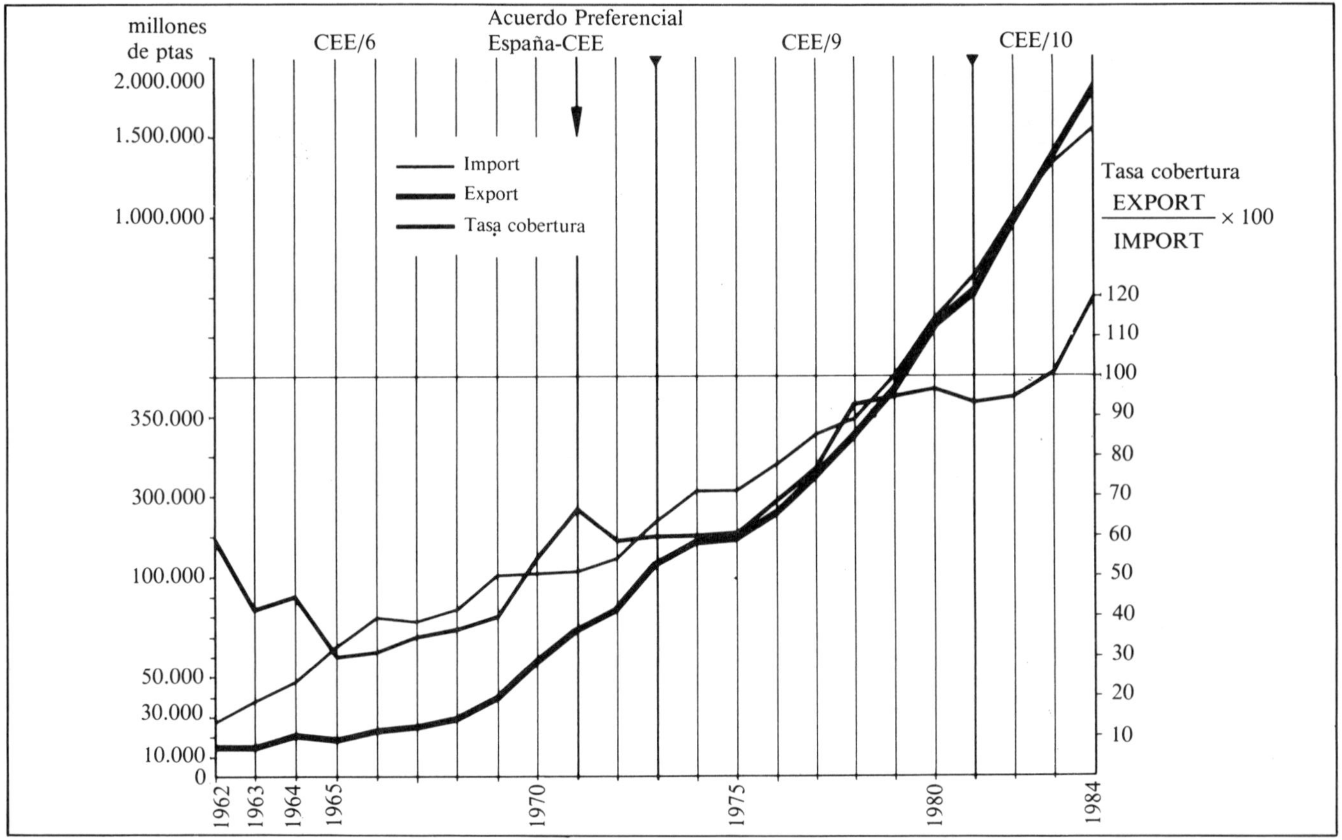

Figura 2.1. Evolución del comercio entre España y la CEE en el período comprendido entre los años 1962-1984.

ya concedidas con anterioridad. Las concesiones agrícolas seguían siendo escasas en todos los casos. El problema fundamental era la gran heterogeneidad de los Estados Mediterráneos a los que se pretendía dar un tratamiento global, por lo que España, el único europeo y el más industrializado, era también el más discriminado por ello. Por si esto fuera poco, la crisis económica, las dificultades agrícolas y presupuestarias de la CEE y, sobre todo, los problemas políticos españoles que preludiaban el fin del Régimen franquista contribuyeron a hacer más difíciles y tensas las negociaciones.

En principio, España expuso que sólo estaría dispuesta a renegociar sobre la base de una zona de libre comercio tanto industrial como, sobre todo, agrícola, lo que suponía desenterrar los dos viejos contenciosos —el tipo jurídico de la relación y las facilidades a las exportaciones agrícolas españolas—, que tantos problemas habían suscitado en las negociaciones para el primer acuerdo. La delegación comunitaria rechazó simplemente la petición española y se entró en una fase de contactos oficiosos entre los jefes de las dos delegaciones, Ullastres y De Kergorlay, buscando una salida al *impasse*. En aquellos momentos cada vez estaban más extendia la idea que, próximo el fin del franquismo, pronto sería posible una negociación desde bases más sólidas, incluso solicitar la adhesión, por lo que no convenía comprometer ese futuro con cesiones a cualquier precio. Lo cierto es que los hechos parecían dar la razón a quienes así pensaban. Desde el asesinato de Carrero, los acontecimientos se precipitaban: tímida *apertura* con Arias Navarro, «revolución de los claveles» en Portugal, primera enfermedad de Franco, etc., aunque a veces parecieran tener los efectos contrarios, como la interrupción de toda negociación con España que el Consejo de Ministros de la Comunidad se vio obligado a imponer tras los fusilamientos en España de septiembre de 1975. La muerte del general Franco, dos meses escasos después, y las perspectivas de una inmediata transición democrática, dieron un giro radical a las negociaciones entre España y la CEE.

2.4. Las negociaciones para la adhesión

Al instaurarse la Monarquía, cuya voluntad de contribuir a la democratización del país quedó expresada desde un principio, las relaciones de España con la CEE se encuadraron en un triple objetivo: renunciar a seguir negociando en la línea de establecer una zona de libre cambio, adaptar provisionalmente el Acuerdo de 1970 a los tres miembros de la última ampliación, y esperar que se alcancen las condiciones democráticas en España para poder solicitar la adhesión según el artículo 237 del Tratado de Roma.

Parecía cerrarse así el capítulo de las relaciones entre España y la CEE en que habían prevalecido las dificultades políticas, y una próxima e inmediata adhesión culminaría felizmente todo el proceso. Pero todavía quedaba un decenio de duras negociaciones y enfrentamientos.

La transición política hacia la democracia fue, al principio, un proceso lento y ambiguo, en el que el tiempo jugaba en contra de la posición española. La crisis económica y los nuevos acuerdos con países mediterráneos, Marruecos e Israel principalmente, suponían una merma considerable de nuestros intereses. Hasta la formación del primer Gobierno de Adolfo Suárez, el panorama no empezó a despejarse. Tras el Referéndum para la Reforma Política, España fue admitida en el Consejo de Europa. Poco después, el 28 de julio de 1977, mes y pico más tarde de celebradas las primeras elecciones democráticas en España, el ministro Oreja presentaba en Bruselas nuestra demanda de adhesión como miembro de pleno derecho.

Se equivocaban los que supusieron que estos hechos eran el principio del fin de unas largas y problemáticas relaciones y que el restablecimiento de la democracia traería, por sí mismo, la normalización de nuestros asuntos con el Continente que para toda una generación de españoles había supuesto, precisamente, el símbolo de esa misma democracia. Lo único que ocurría es que se habría un nuevo capítulo, eso sí, el definitivo, de esas primeras relaciones que en algunas ocasiones correrían todavía peligro de ruptura. En esta nueva fase los presupuestos son otros, por lo que resultaría erróneo seguir analizando los acontecimientos en la misma línea que lo hemos hecho desde 1962, cuando se presentó la primera petición española. Desde entonces la CEE había mantenido una posición coherente y uniforme respecto a nuestro país, claramente expresada en la doctrina Birkelbach. Era la posición española la que resultaba frecuentemente contradictoria, como resultado de las distintas interpretaciones que de la realidad europea daban los diferentes agentes españoles: Gobierno, oposición, opinión pública, etc. Por el contrario, en el último decenio de negociaciones, las posiciones se invierten. Son los planteamientos españoles los que resultan claros y coherentes, una demanda de adhesión basada en el carácter europeo y democrático del país, condiciones ya felizmente incontrovertibles. Frente a ello, la actitud comunitaria es ambigua y contradictoria, fruto de las muy diversas consecuencias que de la realización de los deseos españoles se preveían para la Comunidad. En paralelo con la argumentación central del primer capítulo podríamos decir que si la primera fase de las negociaciones, de 1962 a 1976, estuvieron presididas por la visión y concepto que de Europa y la CEE se tuvo desde España, en la última, 1977-1985, la clave va a ser lo que España puede representar para Europa en un momento crítico de la historia de ambas.

Esa clave queda expresada en un dilema: se temía la ampliación de la

CUADRO 2.1

Evolución variables económicas de España y los países europeos
(En porcentajes)

	1973-76	1977-79	1980-82	1983	1984
Crecimiento anual del PIB					
España	4,4	1,8	1,1	2,1	2,2
Europa (OCDE)	3,0	2,9	0,7	1,4	2,2
Tasa de desempleo					
España	3,7	7,6	14,8	17,4	20,1
Europa (OCDE)	4,4	5,9	8,3	8,2	7,7
Balanza corriente					
España	−2,4	−0,2	2,4	−1,4	2,0
Europa (OCDE)	−0,7	−0,1	−0,9	0,0	0,4
Tasa de inflación					
España	15,4	20,0	14,8	12,2	11,3
Europa (CEE)	11,1	8,6	11,0	7,5	6,2

FUENTE: *Documentation*, 1986, p. 109; Eguidazu, 1985, p. 317.

CEE de nueve a doce miembros, y a la vez, esa ampliación era, sin duda, deseada. Los temores arrancaban de unas circunstancias evidentes, marcadas por la crisis económica, los problemas internos de la CEE, que en algún momento llegaron a amenazar la continuidad del proyecto comunitario y las peculiaridades de los países mediterráneos solicitantes que suponían un cambio en la estructura comunitaria. Esa ampliación era especialmente deseada como concreción de unos principios europeístas ampliamente compartidos, y como exigencia para hacer frente a la crisis y resolver los problemas internos. En una palabra, la integración de España, Portugal, y en cierta manera también Grecia, era vista por la CEE en la segunda mitad de los setenta como la «segunda ampliación comunitaria», a todas luces necesaria pero sumamente conflictiva, pues ante las dificultades inherentes a la misma se temía que la ampliación supusiera una «desviación» de los objetivos fundacionales y, lo que es más importante, del nivel de bienestar alcanzado. A la vez, si la ampliación acentuaba los problemas de la Comunidad, también era un desafío para su solución, pues esos problemas o se resolvían con la ampliación o no se resolverían nunca (LÜCKER, 1983, página 10).

2.4.1. Factores condicionantes de la ampliación mediterránea

El periodo que se abre con la solicitud de adhesión de Grecia, Portugal y España supone una fase esencial del desarrollo comunitario, en cuanto tales solicitudes coinciden y, en cierta manera, provocan una crisis interna clave para el futuro de la CEE. Esta fase está definida por la actuación de tres factores principales.

a) En primer lugar, la crisis económica, que se inicia en 1973 y que está en la base de cualquier acontecimiento de finales del siglo XX. En lo que respecta a la situación de la CEE, la crisis va a suponer no sólo el cambio de coyuntura económica, paso de una situación de expansión, crecimiento y opulencia a otra de crisis, paro, inflacción y reconversión, sino la pérdida por Europa de la iniciativa económica que, en solitario o últimamente compartida, había venido detentando a lo largo de toda la historia. La pérdida de competitividad del continente frente a EE.UU. y el Japón y el desplazamiento del centro neurálgico de la economía mundial desde el Atlántico al Pacífico, del mismo modo como en el siglo XVI se desplazó del Mediterráneo al Atlántico, son los aspectos geoeconómicos más espectaculares de lo que ya empieza a denominarse «euroesclerosis» y que define muy bien un momento nada propicio para iniciar una ampliación. Por lo que respecta a las negociaciones con España y Portugal, éstas coincidieron además con el choque de la segunda subida del petróleo, que provocó los ajustes más duros y traumáticos de la reconversión.

b) Junto a ello, y en cierta medida como una de sus consecuencias, hay que tener presente la crisis institucional y estructural de la CEE, sin duda la más grave desde su fundación que, en la práctica, impedía cualquier intento de ampliación, mientras no se abordase su solución. Las manifestaciones de esta crisis de la CEE son muy variadas: problemas presupuestarios, ordenación de precios agrícolas, discusiones pesqueras y monetarias, tendencias centrífugas en la Comunidad, mecanismos de decisión, etc., pero esencialmente respecto a la ampliación pueden reducirse a tres:

- *Problemas agropresupuestarios*

  Como es sabido, la Política Agraria Común (PAC) supone un elevado porcentaje del presupuesto comunitario, en torno al 70-75 por ciento, lo que siempre planteó múltiples discusiones en el seno de la Comunidad, que desde el ingreso del Reino Unido fueron especialmente críticas por la oposición de este país a subvencionar una política esencialmente proteccionista que beneficiaba sobre todo a los agricultores franceses. Además de contener el gasto agrícola era necesario aumentar los recursos propios de la Comunidad para afrontar otras necesidades más apremiantes que la crisis y la ampliación hacían inevitables. Se imponía, pues, una reforma presupuestaria que nadie era capaz de abordar, pero sin la cual no era posible la ampliación.

- *Problemática de la agricultura mediterránea, del Midi francés y de gran parte de Italia*

  Sus productos siempre estuvieron menos protegidos por las reglamentaciones de la PAC que los llamados continentales propios de la Europa del NW. No obstante, al ser mayor el consumo europeo que la producción de esas regiones, el elevado arancel frente a terceros hacía que su cultivo fuera rentable. Pero con el ingreso español el arancel deja de cumplir esa función y la agricultura mediterránea francesa sufrirá una fuerte competencia. Por eso Francia exigiría una drástica reforma de las reglamentaciones comunitarias antes de acceder a la ampliación.

- *Problemática regional*

  La ampliación de los tres países mediterráneos supone la incorporación de unas regiones cuya renta está muy por debajo de la media comunitaria, lo que obliga a los países ricos del norte a un notable esfuerzo de solidaridad o, por el contrario, configurar, dentro de la Comunidad, una división entre zonas ricas y pobres que la libre circulación, por sí misma, no haría más que acrecentar.

Habría que añadir los problemas pesqueros, ante la incorporación de España, cuya potencialidad era muy superior a la de la mayoría de los países miembros, las dificultades de la reconversión industrial, de la libre circulación de trabajadores, de la insuficiente tecnología, etcétera.

c) No se pueden olvidar tampoco las peculiaridades de la propia ampliación, tres países mediterráneos de similares características económicas, sociales y políticas; los tres habían recuperado recientemente las instituciones democráticas, lo cual hacía que existiera una especie de obligación moral de llegar pronto a una feliz integración, a pesar de las dificultades. Esta segunda ampliación comunitaria guardaba escasas analogías con la primera, Reino Unido, Dinamarca e Irlanda, donde sólo se formalizó jurídicamente una situación que de hecho ya se había producido tiempo atrás; o incluso, con la constitución de la primera comunidad de los Seis, mucho más homogénea y que contó con un periodo de transición más largo a pesar de coincidir con una etapa de clara expansión económica. Además, en lo referente a España, aunque las diferencias relativas respecto a los países comunitarios fueran considerables, el peso de nuestra economía en valores absolutos era lo suficientemente importante para alterar algunos equilibrios intracomunitarios. Francia e Italia temían la competencia agrícola; Alemania, la libre circulación de personas; Irlanda la pesca, etc. Es decir, demasiados problemas y demasiados países miembros afectados para una sola negociación.

Hay que tener presente que unas negociaciones para la adhesión a la CEE son un asunto particular. Lo importante no es el fondo, la adopción por el candidato de la normativa comunitaria en lo que se está de acuerdo puesto que se solicita el ingreso, sino la forma como se va a llevar a cabo esa adopción, es decir, el período transitorio. Ahora bien, de esta simplicidad nace su especial dificultad, pues el candidato está en una permanente situación de inferioridad en cuanto en principio ha aceptado el fondo. En ningún momento puede tener la osadía de considerar que se trata de una negociación entre iguales, pues se le recordará sutilmente que está allí por propia voluntad (RODRÍGUEZ, 1985, p. 29). Ello hace que sean las condiciones comunitarias las que prevalezcan a lo largo de la negociación. Es la Comunidad la que puede acelerar, detener o suspender las negociaciones como ocurrió frecuentemente en el caso de España. Además, aunque en teoría se negocia con todo el colectivo comunitario que tiene sólo una delegación en Bruselas, en la práctica se trata de una negociación a diez bandas, una con cada miembro, sin olvidar a la Comisión, que en determinadas circunstancias desempeña un papel determinante.

En este sentido las actitudes de los diferentes países miembros ante la ampliación era distinta aunque, a rasgos generales, con el denominador común de aceptarla favorablemente. Los principales problemas procedían, como es sabido, de Francia, hasta el punto que en ocasiones llegó a hablarse del «cerrojo francés» para explicar las dificultades de la negociación. Además de la competencia agrícola que ya hemos expuesto, el país vecino temía que unas negociaciones poco meditadas desembocasen en una situación similar a la del Acuerdo de 1970, al que los franceses atribuían el déficit comercial de su balanza con España. Por ello, al final han sido también los más beneficiados por el acuerdo. La otra gran nación comunitaria, la República Federal Alemana fue en todo momento uno de los apoyos básicos que España tuvo para su ingreso. Su economía, complementaria de la española y sin excesivas concurrencias ni competencias, mantiene superávit con la española, que lógicamente aumentará con la adhesión. Para Alemania lo fundamental de la deseada ampliación es el fortalecimiento estratégico del bloque europeo y de la «seguridad occidental», por lo que para los alemanes la integración comunitaria de España suponía su incorporación implícita a la OTAN.

Italia y Grecia, países mediterráneos como el nuestro y como tales con posibilidades económicas similares y concurrentes, han apoyado sin embargo en todo momento la candidatura española por la solidaridad mediterránea y convencidos de la necesidad de alterar la estructura septentrional de la CEE en la que ambas naciones quedaban un tanto marginadas. Similar es la actitud del Reino Unido y de Irlanda para los que la adhesión de

España supone la necesaria ampliación de la CEE, además de mejorar sus relaciones comerciales. Lo mismo puede decirse de los restantes miembros, sin especiales problemas con los países candidatos y favorables a cualquier acuerdo que aumente la capacidad de penetración de sus productos en los nuevos mercados.

También por el lado español distintos agentes se consideraban, con todo derecho, llamados a dar su opinión y ejercer su presión sobre la dinámica de la negociación. Así, empresarios, sindicatos, exportadores, partidos políticos o gobiernos regionales intervinieron de una u otra forma en un proceso cada vez más complejo, ante el cual la opinión pública española estaba cada vez más perpleja. A la vez, el país atravesaba los momentos más delicados de la transición política que llevaron a la promulgación de una de las Constituciones más avanzadas de ese Continente en que no terminábamos de ingresar, con peligrosas resistencias políticas que culminaron en el intento golpista del 23 de febrero de 1981. En realidad, no era fácil entender cómo después de desaparecer los obstáculos políticos que durante tanto tiempo había dificultado nuestras relaciones con Europa, y a pesar de las formales y cualificadas declaraciones favorables al ingreso de España de Jefes de Estado, Gobierno, ministros, etc., incluso resoluciones del Parlamento Europeo, la fecha de la adhesión se iba retrasando: 1982, 1984, 1986..., y, en la práctica, la CEE iba endureciendo su política interior con nuevos reglamentos, cuotas, política azul, que no existían en 1977, al formalizar la solicitud española. Nuevas dificultades iban surgiendo poco a poco, haciendo más difícil así nuestro ingreso, como si subrepticiamente Europa se alejara de España una vez más.

2.4.2. La dinámica de la negociación de adhesión

Todo ello son los factores que condicionan la más larga negociación para la adhesión de un nuevo país a la CEE, casi ocho años desde la solicitud al acuerdo final. Podría argüirse que, como consecuencia de ello, ha sido posible la redacción también del Tratado de Adhesión más pormenorizado y preciso de los que le antecedieron. Pero ni aun así podría explicarse la duración de las conversaciones. Si nos fijamos en la dinámica interna de las mismas comprobamos que éstas, en realidad, no duraron más del año y medio inmediatamente anterior a la firma del acuerdo. Lo demás fueron retrasos, dilaciones y bloqueos, sólo comprensibles a la vista de los graves problemas internos que la Comunidad debía afrontar en la misma época. Así, la petición española, una vez formulada en julio de 1977, tuvo que esperar a la elaboración de un primera dictamen por la Comisión, las *Reflexiones de conjunto relativas a los problemas de la ampliación,* popularmente conocido en el argot negociador como el «fresco». Después, tras la inau-

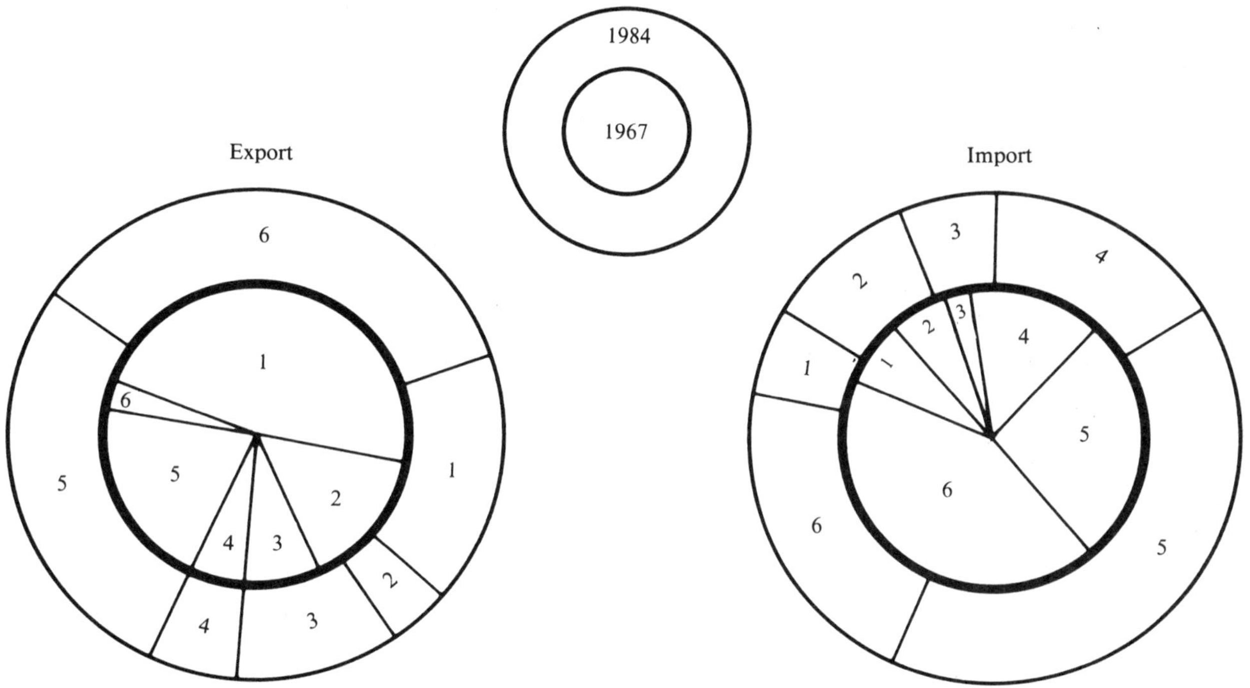

Alimentos y bebidas 1
Materias primas 2
Combustibles y lubricantes 3

Productos químicos 4
Manufacturas 5
Maquinaria y material de transportes 6

Figura 2.2. Estructura del Comercio de España con la CEE, 1967 y 1984.

guración oficial el 5 de febrero de 1979, vinieron largas sesiones de *análisis de conjunto,* aparentemente innecesarias tras quince años de conversaciones mutuas y un acuerdo preferencial como resultado. Cuando este análisis estaba ya completado y era inevitable el comienzo de las conversaciones operativas, el presidente Giscard pronunció su famoso discurso, en junio de 1980, anteponiendo explícitamente los problemas de Francia en la CEE al ingreso de España.

Se entró entonces en una fase de ritmo lento. España había pretendido, desde el principio, negociar los capítulos agrícolas, dada la experiencia de anteriores negociaciones en que éstos habían constituido siempre el principal caballo de batalla, pero ante la actitud francesa tuvo que contentarse con empezar por los más fáciles, aunque tuvieran menos trascendencia para la adhesión. Pero seguían surgiendo problemas, como el IVA, cuya aplicación se exigía fuera inmediata, o el desarme arancelario, que se pretendía tuviera tan sólo tres años de reducción, etc. Así, iba pasando el tiempo, las reuniones de ambas delegaciones, del Consejo de Ministros y los Consejos Europeos sin que se alcanzara a ver el final del proceso.

La formación de un Gobierno socialista en España hizo pensar que éste contaría con mayores facilidades del Presidente Mitterrand que en junio de 1982 había protagonizado el último parón a las negociaciones al pedir que la Comisión elaborara un «inventario» con los problemas que planteaba la ampliación. Pero la actitud francesa fue la misma, independientemente del color de los Gobiernos de ambos lados de los Pirineos.

En realidad, las causas del bloqueo trascendían a la propia negociación y su solución tenía que producirse también fuera de la misma. Sólo cuando el Consejo empezó a abordar el futuro de una Comunidad ampliada de cara al año 2000, cuando se empezó a hablar de la «Europa de la Segunda Generación», de «varias velocidades» o de «geometría variable» (ABEJÓN, 1986, p. 110), y cuando comenzó la elaboración del Acta Unica empezaron también a producirse avances sustanciales. El Gobierno español comprendió que el problema del ingreso de España era, a la vez, una cuestión financiera, que había que resolver en Bonn, y una cuestión agrícola, que había que abordar en París (ALONSO, 1985, p. 167); evidenciándose, una vez más la estructura franco-alemana que, desde 1957, constituye la base de la CEE.

El explícito apoyo del Gobierno alemán al ingreso español, implícitamente ya se había producido desde el principio, tuvo lugar en la «cumbre de Stuttgart», en junio de 1983, en el que la República Federal accedió a la reforma presupuestaria de la CEE, en la que le correspondía la mayor responsabilidad financiera, pero sólo si a la vez se producía la ampliación, lo que suponía un fundamental giro en el problema. Si hasta entonces los problemas presupuestarios habían impedido la entrada de España y Portugal en la CEE, desde ese momento la solución de aquellos problemas sólo podría realizarse con la ampliación. En esta firme y decisiva actitud tuvo una contribución definitiva, aunque nunca fuera formalmente reconocido, la vinculación del ingresó en la CEE con el cambio de actitud española respecto a la OTAN y la renovación de los Acuerdos de Amistad con los EE.UU., temas a los que Bonn era muy sensible.

El desbloqueo de la situación agrícola con Francia fue más lento y costoso y habría que encuadrarlo en todo un proceso de mejora de las relaciones bilaterales entre ambos vecinos. El cambio de actitud no empezó a producirse hasta el Consejo Europeo de Fontainebleau, con el que finalizaba la presidencia francesa. Allí se acordó la modificación de la reglamentación hortofrutícola en el sentido que quería Francia, desapareciendo uno de los motivos de su oposición. Posteriormente, en Dublín se acordaría modificar también los reglamentos del vino y aceite, con lo que el camino quedaba bastante depejado.

Paralelamente, las negociaciones iban haciendo también avances sustanciales aunque a un ritmo más lento. Los capìtulos industriales, desarme arancelario, patente, etc., quedaron cerrados a fines de 1984. Pero no se había avanzado nada en el tema agrícola. En principio España intentó negociar la apertura del mercado europeo a nuestros productos mediterráneos, a cambio de nuestra correspondiente apertura respecto a los productos continentales, pero Francia no accedió y hubo que negociar proteccionismo con proteccionismo. Lo mismo ocurrió con la pesca, también negociada respecto a la agricultura. Para el cierre definitivo de todos estos capítulos fue decisiva la presidencia de Italia en el primer semestre de 1985, pues hasta el último momento hubo problemas, como los del 21 de marzo cuando, una vez más, Francia impidió que se alcanzara un acuerdo que todos consideraban inminente, por temas pesqueros y agrícolas. Sin embargo, ocho días después el acuerdo era una realidad y el 29 de marzo se convertía así en la fecha definitiva de este largo camino.

2.5. El Tratado y el Acta de Adhesión de España y Portugal a la CEE

El resultado de este largo proceso quedó reflejado en unos documentos que, como ya se dijo, constituyen uno de los tratados de ampliación de la CEE más precisos y pormenorizados. Es como si las partes signatarias, tras las largas experiencias de la negociación, no hubieran querido dejar ningún cabo suelto, huyendo del reciente ejemplo de Grecia, cuyo Tratado de Adhesión, ambiguo y premioso, ha suscitado ya numerosos recursos de interpretación ante el Tribunal de la Comunidad.

Se trata de un Acuerdo común para España y Portugal, en el que se pueden distinguir dos documentos diferentes: El Tratado de Adhesión y el Acta de Adhesión.

2.5.1. El Tratado de Adhesión

El Tratado propiamente dicho es un texto muy breve, de sólo tres artículos, pero de una trascendencia jurídica esencial, pues contiene la disposición de adhesión (art. 1.º) a la CEE y a la CEEA que una vez ratificada por todos los Estados signatarios, fue ejecutiva desde el 1 de enero de 1986. El tratado se refiere sólo a la adhesión a la CEE y a la CEEA que son las dos únicas comunidades que requieren este procedimiento, con la correspondiente ratificación, para su ampliación. Por el contrario, la adhesión a la CECA se realizó por decisión del Consejo de Ministros y, en consecuencia, no necesita la posterior ratificación parlamentaria. Los otros dos artículos del Tratado se refieren a los procesos de ratificación (art. 2.º) y al depósito de los documentos originales (art. 3.º).

2.5.2. El Acta de Adhesión

Este Acta es el documento que contiene la parte dispositiva y ejecutiva, es decir, las condiciones y circunstancias que van a regir esta adhesión y regular el proceso transitorio. Según se establece en el párrafo segundo del artículo 1.º del Tratado de Adhesión, es parte integrante del mismo.

El Acta de Adhesión es un documento muy extenso, 403 artículos, divididos en cinco partes referidas a las principales circunstancias de la ampliación. En la primera se contienen los «Principios Generales», siendo esencial, por su trascendencia jurídica sobre los nuevos miembros, el artículo 2.º, en el que se establece «la adhesión a las disposiciones de los Tratados originarios y los actos adoptados por las Instituciones de las Comunidades» que serán plenamente aplicables en España y Portugal y con total validez jurídica. Es decir, la adopción por nuestro país del derecho comunitario europeo, con las limitaciones que conlleva de la propia jurisdicción española e incluso de transferencia de soberanía. Como en su día estableció el propio Tribunal de Justicia de Luxemburgo:

> *...A diferencia de otros tratados internacionales ordinarios, el Tratado de la CEE ha instituido un ordenamiento jurídico propio integrado en el sistema jurídico de los Estados miembros ... que impone a sus órganos jurisdiccionales ... Los Estados de la Comunidad han limitado, aunque en ámbitos restringidos, sus derechos soberanos y han creado así un cuerpo de derecho aplicable a sus súbditos y a ellos mismos.*
>
> (Sentencia 15-julio-64. Asunto Costa/ENEL. vid. SÁNCHEZ BELLA, 1985, p. 46.)

Es lo que en la terminología comunitaria se conoce como la adopción del «acervo comunitario» acumulado en los treinta años de existencia de la CEE, lo que en algunos casos requirió reformas constitucionales o referenda para ello, circunstancias que en el caso español estaba ya previsto gracias al artículo 93 de la Constitución de 1978.

La segunda parte se refiere a las «Adaptaciones de los Tratados» originales de la Comunidad al pasar de diez a doce miembros. Comprende dos títulos, uno referente a la ampliación de los miembros de las distintas instituciones comunitarias: Asamblea, Consejo, Comisión, Tribunal de Justicia, de Cuentas, Comité Consultivo, etc. El Título Segundo modifica la extensión territorial de los Tratados originales y contempla las nuevas situaciones especiales de Canarias, Ceuta y Melilla.

CUADRO 2.2

Participación española en las instituciones comunitarias

Institución	Total miembros	Miembros españoles
Asamblea	518	60
Consejo Ministros	12	1
Votos cualificados	76	8
Comisiones	17	2
Vicepresidencias	6	1
Tribunal de Justicia	13	1*
Comité económico y social	189	21
Tribunal de Cuentas	12	1
BEI: Consejo Gobierno	12	1
Consejo Administración	22	2

* Posibilidad otro en rotación con los grandes.

La tercera parte, «Adaptaciones de los actos adoptados por las Instituciones», comprende tan sólo dos artículos, en que se establecen las adaptaciones pertinentes.

Sin duda alguna, es la cuarta parte la que regula los aspectos más conflictivos del Acta y del Tratado. Contiene las «Medidas Transitorias», condiciones y circunstancias que van a regir en ese periodo. Comprende más de 350 artículos, del 28 al 380, y refleja con toda claridad la peculiaridad de los tratados de adhesión a la CEE, en los que lo principal es la forma de la transición, tan dificultosamente regulada en esta Parte, y no el fondo, despachado en escasos artículos del Tratado y del Acta. Esta cuarta parte se divide en tres títulos, relativos el primero a disposiciones institucionales, el segundo a España y el tercero a Portugal.

La diferente dificultad de las transiciones de España y Portugal se refleja en el distinto tratamiento entre ambos títulos del Acta. Así, el Título 2.º, referente a España, requirió 159 artículos, mientras que el Título 3.º, de Portugal, tan sólo 26. El Título 2.º, por su parte, contiene seis capítulos en los que se regulan los principales sectores económicos: Unión Aduanera, con la Libre Circulación de Mercancías (cap. 1) y de personas, servicios y capitales (cap. 2), Agricultura (cap. 3), sin duda el más prolijo y complejo, como corresponde a las dificultades ya descritas (del art. 67 al 153), Pesca (cap. 4), Relaciones Exteriores y política comercial (cap. 5), y, por último, Disposiciones Financieras (cap. 6).

La quinta parte contiene «Disposiciones relativas a la aplicación», con las correspondientes cláusulas finales que cierran el Acta.

Además, todo este conjunto documental, que constituye el Tratado de Adhesión, comprende también 36 anexos, 25 protocolos y un Acta Final. En conjunto, es el resultado de un notable esfuerzo de aproximación entre candidatos y países miembros que, por sus diferencias con otros tratados anteriores, puede considerarse como una notable aportación al acervo comunitario.

En definitiva, el Tratado determina un proceso que ha sido calificado acertadamente como una «adhesión inmediata, pero con una integración diferida» *(Documentación,* 1986, pp. 21-31). En realidad no podía ser de otro modo. La adhesión de España a la CEE debía tener un carácter inmediato, incluso apremiante, tras tantos aplazamientos. Nuestro país llegaba tarde a la Europa comunitaria y era preciso quemar las etapas posibles. Pero a la vez España llegaba en malas condiciones y en mal momento para la Comunidad. De ahí la necesidad de ese largo y complejo periodo transitorio que, en la práctica, retarda el momento de la integración a los primeros años de la próxima década. Sólo entonces podrá hablarse de una auténtica Europa de los Doce.

CUADRO 2.3

Calendario de la Adhesión Española a la CEE.
Principales disposiciones del periodo transitorio

1-1-1987: • Liberalización del régimen de concesiones a centrales lecheras. • Aplicación de las normas comunitarias sobre compensación por concepto de servicio público.
1-1-1988: • Liberalización de la adquisición por residentes en España de acciones y participación en fondos de inversión mobiliaria en la CEE. • Fecha tope para la adaptación de la organización común de mercado del aceite de oliva.

CUADRO 2.3 (*continuación*)

Calendario de la Adhesión Española a la CEE.
Principales disposiciones del periodo transitorio

1-1-1989:
- La reducción de aranceles industriales entre España y la CEE alcanza el 52,5%.
- Supresión de las limitaciones a las exportaciones siderúrgicas españolas y de los contingentes comunitarios de exportación de cobre y chatarra a España.
- Paso de los planes españoles de reestructuración siderúrgica a la normativa comunitaria.
- Aplicación de la normativa comunitaria sobre cálculo de las prestaciones de la Seguridad Social, a los trabajadores españoles en Europa.

1-7-1989:
- España asume la presidencia del Consejo de Ministros de la CEE durante seis meses.

1-1-1990:
- Liberalización de las importaciones en España de materias grasas sustitutivas del aceite de oliva.
- Comienzo de la fase rápida de transición para frutas y verduras.
- Fin de la autorización para mezclar vinos tintos y blancos.
- Supresión plena de contingentes industriales frente a la Comunidad, salvo para los productos monopolizados. Se suprime igualmente la obligación para los fabricantes nacionales de automóviles de utilizar un 60% de las piezas nacionales.

1-1-1991:
- Libre establecimiento de dentistas en España y en la Comunidad.
- El desarme comunitario frente a nuestras exportaciones de frutas y hortalizas alcanza el 80%.

1-1-1992:
- Queda completada la adaptación de los monopolios: se suprimen todas las discriminaciones entre los españoles y los restantes nacionales de la Comunidad, y se liberaliza la importación de productos monopolizados.
- Supresión de los contingentes industriales españoles frente a los países terceros.
- España queda plenamente integrada en el mecanismo financiero europeo.

1-1-1993:
- Concluyen los desarmes arancelarios y la adopción del arancel común para los productos industriales y para la mayor parte de los agrícolas y pesqueros, excepto frutas y hortalizas, grasas vegetales sustitutivas del aceite de oliva y sardinas en conserva.
- Revisión de las condiciones de pesca en aguas comunitarias fijadas en el tratado de adhesión.
- España aplica íntegramente las preferencias arancelarias concedidas por la Comunidad a países terceros en los sectores industriales y pesqueros, así como para los productos agrícolas distintos de las frutas y hortalizas y de las grasas sustitutivas del aceite de oliva.

CUADRO 2.3 (*continuación*)

Calendario de la Adhesión Española a la CEE.
Principales disposiciones del periodo transitorio

1-1-1995: • Concluye la aproximación de precios de la sardina fresca y la vigilancia comunitaria de las importaciones de este producto.
1-1-1996: • Termina el proceso de supresión de las ayudas agrícolas españolas, incompatibles con la normativa comunitaria. • Se completa el desarme arancelario para las frutas y hortalizas y para la sardina en conserva. • Deja de aplicarse el mecanismo complementario de intercambios y se liberalizan los contingentes agrícolas españoles frente a países terceros. • Fecha límite para la libre circulación de trabajadores entre España y Luxemburgo. • Concluye el periodo de aplicación de cláusulas de salvaguardia entre España y la Comunidad.

FUENTE: *Revista de la Caja de Ahorros y Monte de Piedad de Madrid,* núm. 63, octubre 1986.

SEGUNDA PARTE

ESPAÑA ANTE EUROPA

Es difícil determinar las características geográficas de España tras su completa integración en la CEE. La existencia de un largo periodo transitorio y la incógnita de cuál será la reacción de los diversos sectores sociales y económicos de nuestro país implicados en el proceso, hace que cualquier suposición resulte aventurada. El carácter de adhesión inmediata e integración diferida que caracteriza a la última ampliación comunitaria, determina que ésta haya abierto un proceso mucho más dinámico que en anteriores ocasiones. La transición va a suponer no sólo la adaptación de los candidatos, España y Portugal, a las condiciones del acervo comunitario, sino una profunda reestructuración de nuestra economía, incluso de ciertas costumbres y prácticas sociales, muy arraigadas en nuestro país. Y todo ello depende más de la actitud que se adopte ante las nuevas condiciones creadas por la adhesión, el tan citado reto europeo, que de las cláusulas y periodos de transición establecidos.

Cualquier proceso que suponga la supresión de barreras comerciales desencadena dos tipos principales de transformaciones en los países afectados. Las primeras y más inmediatas, que los economistas denominan *efectos estáticos,* son las producidas sobre las mismas relaciones comerciales que se ven favorecidas por la desaparición de trabas arancelarias. La actual estructura de nuestro comercio con la CEE, excedentario en la mayoría de los casos, hace prever unas favorables consecuencias para nuestras exportaciones que, si hasta la fecha, han demostrado una aceptable capacidad de penetración en los mercados europeos, se verán beneficiados con el desarme arancelario comunitario. En contrapartida, también los productos españoles tendrán que hacer frente a una mayor competencia en el mercado interior, hasta ahora excesivamente protegido, por lo que seguramente verán disminuir su cuota de participación en el mismo. En todo caso, es indudable un mayor volumen de los intercambios, más competencia, mayor oferta y una creciente equiparación entre el consumidor español y el europeo.

Hay, en segundo lugar, otro tipo de consecuencias sobre la totalidad del sistema productivo; son los *efectos dinámicos* en cuanto éste se ve sometido, por un lado, a la «ducha fría» de la libre competencia europea, pero a la vez se le ofrecen más amplias posibilidades de «economías de escala» en mercado, financiación, innovación tecnológica, etc. Es decir, los presupuestos básicos de aquella deseada modernización y europeización del XVIII y del XIX, sólo que concretados en un nuevo reto real e inmediato. A ello se añade que el fin del periodo transitorio coincidirá prácticamente con la entrada en vigor del *Acta Unica europea* y, por eso, con un notable avance en el proceso integrador de la CEE.

La integración en Europa y la constitución de una Comunidad de doce países que abarcan la mayor parte del occidente europeo ha de tener, además, unos indudables efectos espaciales sobre nuestro país. La abolición de una frontera va más allá del simple hecho comercial o económico y ocasiona cambios en el comportamiento y actitudes de todos los ciudadanos. La facilidad del tránsito, la mayor permeabilidad de ideas e influencias terminan por configurar otra percepción del territorio en el que se vive y al que se pertenece de más amplios horizontes que los estrechos del marco nacional.

3.

El embrollo agrícola y la problemática pesquera

El capítulo agrícola y, en menor proporción, los temas relativos a la pesca supusieron las mayores dificultades en las largas negociaciones para la adhesión, protagonizando las sesiones más borrascosas de las mismas, mientras se producían constantes apresamientos de pesqueros españoles y asaltos a camiones, con destrucción de su carga de frutas y hortalizas. Los capítulos agrícola y pesquero empezaron a ser considerados como escollos insalvables para la adhesión, provocando reacciones de aislacionismo por parte española que pertenecían mejor a otras etapas de nuestra historia.

3.1. La agricultura española en la CEE

La opinión pública pensaba que España, en cuanto país de gran tradición agrícola y pesquera, no debía encontrar serias dificultades para ingresar en un mercado que cifraba en el librecambio su máximo objetivo. Ya hemos visto que fue precisamente lo contrario. Ambas partes han pretendido proteger de la mejor forma posible sus productos más sensibles durante el periodo transitorio, lo que ha dado lugar a las dificultades aludidas. En realidad, lo que se pone de manifiesto es el temor que la mayoría de los europeos tienen de la potencialidad agrícola y pesquera de nuestro país, no sólo a la situación presente sino a sus posibilidades futuras, cuando podamos beneficiarnos de las ayudas de la PAC. Hay que tener presente que el ingreso de España en el mercado agrícola supone no sólo la libre circulación de mercancías, sino sobre todo la adopción por nuestro país de un conjunto de medidas y disposiciones sumamente complejo que constituyen una de las políticas comunitarias más evolucionadas y discutidas de las que estableció el Tratado de Roma.

La ampliación representa un cambio en la estructura geográfica de la Comunidad, hasta ahora básicamente septentrional, por otra más equilibrada respecto a los países mediterráneos, lo que hace inservible la política agrícola de la Comunidad, que fue pensada para proteger y desarrollar las producciones de la Europa húmeda, cereales, forrajes, ganadería, etc. —son los llamados «productos continentales»—, pero que ignora las restantes producciones del continente, y muy significativamente las de la Europa mediterránea, cuyo abastecimiento estaba asegurado mediante importaciones de países no comunitarios de dicha cuenca.

El ingreso de España altera profundamente este esquema. Como país mediterráneo, las producciones agrícolas de sus regadíos amenazan con hundir las menos competitivas de Francia e Italia cuando puedan concurrir a los mercados europeos en igualdad de condiciones. A la vez, como país con una agricultura de tipo continental, menos competitiva frente a la CEE, obliga a las instituciones de ésta a aumentar los excedentes de este tipo de productos cuya financiación representa en la actualidad uno de los más graves problemas comunitarios.

La agricultura española presenta, además, graves desequilibrios sectoriales y deficiencias estructurales que hacen más difícil la adhesión. El elevado porcentaje de población activa dedicada a la agricultura, el tamaño de las explotaciones, la supervivencia de anacronismos incompatibles con una agricultura moderna, la baja productividad de la mayoría de las producciones, etc., suponen un repertorio de dificultades que añadir a las relativas del mercado. Es decir, la incorporación española afecta a los dos objetivos fundacionales de la PAC; amenaza con perturbar el sistema de orientación y garantía, y requiere un considerable aumento de los fondos dedicados a la mejora de estructuras, a lo que habría que añadir las repercusiones sobre el comercio con terceros países; frutas y hortalizas del Magreb hacia Europa y soja americana hacia la Península Ibérica, cuyo corte radical podría tener graves consecuencias para los europeos.

CUADRO 3.1

Aportación cuantitativa de España a la Agricultura Comunitaria

Concepto	CEE 10	España	CEE 12	Relación Esp./CEE 12 (%)
SAU (miles Has)	101.198	27.305	132.888	20,5
Población Activa Agraria (miles de personas)	8.033	1.947	10.954	17,7
Número explotaciones (en miles)	6.829	2.213	9.816	22,5
Producción Agrícola Final (millones ECUs)	150.189	15.725	168.102	9,3

FUENTE: *Documentación,* 1986, p. 115.

3.2. Las contradicciones de la PAC

El problema no es sólo de la agricultura española, sino también de las incoherencias de la política comunitaria que la adhesión española no ha hecho más que evidenciar.

El establecimiento de una «política común en el sector agrícola» fue uno de los objetivos prioritarios del Tratado de Roma (art. 3.d) y su realización uno de los grandes aciertos de la Comunidad. Europa ha pasado a ser excedentaria en una gran parte de productos agrarios básicos de los que hasta entonces tenía necesidad de importar. Se han mantenido las rentas y el empleo de la población rural y se ha mejorado la productividad del campo. Todo esto es innegable, pero se ha logrado con unas prácticas proteccionistas frente a terceros países, como ha sido España hasta ahora, y en cierta manera lo seguirá siendo hasta que finalice el periodo transitorio, lo que se olvida frecuentemente cuando se habla del librecambismo comunitario.

El sitema de subvenciones ha generado tal cantidad de excedentes, que es necesario volver a subvencionar para poder exportar (Tió, 1985, p. 15). La PAC absorbe casi el 70 % del presupuesto comunitario y, lo peor, sostiene un sistema de producción agraria en el que no existe interés por la modernización. Como ha dicho un alto funcionario comunitario:

> *...El verdadero escándalo de los gastos agrícolas no está de ningún modo, en su importe absoluto o relativo, sino en el hecho de que reflejan el despilfarro de recursos y el desequilibrio profundo entre oferta y demanda...*
>
> Adrián Reis, 1985, p. 70.)

A estas dificultades, que podríamos considerar como estructurales de la PAC, se unieron desde mediados de los setenta otras, más bien coyunturales, derivadas de la crisis económica y de la incorporación de Gran Bretaña. La crisis, en lo que tuvo de inflacción de costes, afecta mucho a un sistema que, en circunstancias normales, resultaba ya muy oneroso. El Reino Unido, por su parte, nunca había sentido la misma necesidad que los países comunitarios por desarrollar y proteger su sector agrario, ya que la agricultura tuvo siempre mucha menor importancia que en el continente. Gran Bretaña, en línea con su tradicional librecambismo y con sus intereses particulares, se opuso siempre a ser contribuyente neto en un presupuesto que en buena medida servía para subvencionar a los agricultores franceses por unos productos que los ingleses habían comprado siempre más baratos en ultramar.

En estas circunstancias, la incorporación de España, cuando ésta presentó su demanda de adhesión en 1977, era técnicamente imposible desde el punto de vista agrícola, por muy necesaria y deseada que lo fuera desde el político. Era inevitable reformar antes la PAĆ cambiando el método de subvenciones a las producciones excedentarias, equilibrando las relaciones entre los productos del Norte y del Sur, y aumentando los recursos propios para dar satisfacción a las pretensiones británicas. Había que hacer desaparecer también ciertas disposiciones y reglamentos concebidos en su día para hacer frente, precisamente, a la competencia española. Este proceso fue largo y complejo, en realidad aún no ha acabado, y se solapó frecuentemente con las negociaciones para la integración de nuestro país, dando lugar a las dificultades mencionadas. El comienzo de la solución no se produjo hasta la cumbre del Consejo Europeo de Fontainebleau (25-26 junio de 1984), que desbloqueo muchos de los temas aludidos.

3.3. Las condiciones de la Adhesión y el periodo transitorio

El resultado de todas estas circunstancias fue un sistema de transición agrícola muy complejo por sus mecanismos, original por alguna de sus

CUADRO 3.2

Estructura de los gastos del FEOGA-Garantía según productos
(Porcentaje según el total de gastos)

Productos	1975	1977	1979	1980	1981	1984	1985
Cereales	13,1	9,4	15,4	15,3	17,0	9,3	12,1
Azúcar	6,0	8,8	9,0	5,1	6,1	8,9	8,5
Productos Lácteos	26,5	42,9	43,4	42,1	31,7	29,7	33,0
Carnes	21,8	7,4	8,2	13,1	14,3	17,3	15,4
Total productos continentales	67,4	68,5	76	75,6	69,1	65,2	69
Aceite oliva	3,5	2,6	3,7	2,8	3,9	9,6	9,2
Frutas, vino, etc.	9,2	6,9	7,0	11,5	14,3	18,8	16,0
Total productos mediterráneos	12,7	9,5	10,7	14,8	19,8	28,4	25,2
No repartido	19,9	22,0	13,3	9,6	11,1	6,4	5,8

FUENTE: *Documentation*, 1986, p. 137.

condiciones y prolijo por el número de sus disposiciones. Desde una perspectiva geográfica tiene la extraordinaria utilidad de mostrar cual fue el análisis que los mismos negociadores comunitarios y españoles hicieron de las posibilidades futuras de sus respectivas agriculturas tras la ampliación, lo que constituye un excelente y cualificado indicador de cual puedan ser sus consecuencias reales al finalizar el periodo transitorio.

Las cláusulas que han de regir en dicho periodo encuadran con precisión el problema fundamental de la integración de nuestra agricultura; productos continentales de la CEE frente a los mediterráneos de España, utilizando frecuentemente lo que, muy significativamente, se ha denominado *doble lenguaje* comunitario, que no es más que mostrar un ferviente librecambismo en el primer caso, para exportar productos excedentarios y competitivos de la CEE, pero un mal disimulado proteccionismo en el segundo, ante las importaciones españolas que pueden tener más capacidad de penetración.

El primer tipo de productos se encuentra sometido a un tipo de transición denominada «clásica», similar a la que ha regido en otras ocasiones y consistente en una aproximación lineal de las condiciones españolas a las comunitarias. A la vez, se estableció otra lista de productos, los más sensibles por ambas partes, con los que se fijó un sistema de transición «específico» o «por etapas», una novedad en el «acervo» comunitario de la materia. Se establecían así distintos procedimientos de acercamiento que derivarían en diferentes consecuencias sobre los sectores respectivos. Además, se crearon sistemas de control de los intercambios, con posibles contingentaciones de importaciones y cláusulas de salvaguardia cuando se apreciaran desequilibrios en el proceso. El resultado fue un sistema sumamente complejo que explica la duración y dificultades de las negociaciones, y hacen imprevisibles los resultados.

3.3.1. La transición clásica

La mayoría de productos quedan sometidos a este régimen de transición, que durante un periodo de siete años pretende una paulatina aproximación de los precios de referencia e intervención y de las ayudas institucionales que se dan en España, a los que rigen en la CEE, a fin de hacer efectiva la integración de aquellos productos en las «organizaciones comunes de mercado» (OCM) correspondientes. En teoría, dicha integración se ha producido desde el mismo momento de la adhesión, sólo que con los correspondientes mecanismos para equilibrar las diferentes situaciones de partida y que irán desapareciendo según éstas se vayan amortiguando.

La primera de estas diferencias es la existente entre los precios institucionales de referencia que rigen en España y la CEE, y que marcan todo el proceso de intervención, compra o retirada de las respectivas políticas agrarias. Por lo general, los españoles son más bajos que los europeos, por lo que el simple desarme arancelario hubiera producido una notable distorsión de la competencia. Para evitarlo se establece la paulatina aproximación de ambos tipos de precios a lo largo del periodo transitorio, bien por un mayor aumento proporcional de los españoles, cuando éstos sean menores que los europeos, o por su congelación en el caso contrario. Además, hasta que al final de la transición no se alcance esa equiparación los intercambios se regulan mediante unos «montantes compensatorios de la adhesión» (MCA) que equilibran las diferencias de precios entre ambas partes. De esta manera se puede afirmar que, desde el mismo momento de la adhesión, se da *unicidad de mercado* entre España y la CEE en los productos de la transición clásica, cumpliéndose así este primer objeto de la PAC.

España ha adoptado, desde el momento de la adhesión, todo el sistema arancelario que regula los intercambios con países terceros estableciendo así las *preferencias comunitarias,* segundo de los objetivos fundacionales de la PAC. Lo que ha obligado a reorientar parte de nuestras importaciones agropecuarias en beneficio de los productores de la CEE y detrimento de nuestros tradicionales abastecedores, soja de EE.UU. y carne de Latinoamérica.

Por último, la transición clásica pretende la aproximación de ayudas que los organismos oficiales conceden a las producciones agrarias. En ocasiones la aproximación se produce por la desaparición, inmediata o paulatina, de las ayudas españolas cuando son incompatibles con las de la CEE, pero en otras se trata de una auténtica aproximación a lo largo del periodo transitorio. Se consigue, así, el tercer objetivo de la PAC sentándose las bases para una auténtica *solidaridad financiera* entre los Doce.

3.3.2. Los mecanismos complementarios de los intercambios

Este régimen de transición clásica asegura una paulatina aproximación de ambos sistemas agrarios, con una relativa libre circulación de productos desde el primer momento. Para evitar problemas que podían plantearse se establecieron también unos instrumentos nuevos, no previstos en ninguna ampliación anterior, los «mecanismos complementarios de los intercambios» (MCI), para limitar las importaciones de determinados productos sensibles, cuando pudieran suponer perturbaciones para cualquiera de las partes, sin necesidad de recurrir a las cláusulas de salvaguardia. La aplicación de estos mecanismos, excepcionales en la Comunidad, supone una restricción de la libre circulación y puede producirse automáticamente o a petición de las partes, según se haya especificado previamente la cantidad *máxima* u *objetivo,* que pueda ser objeto de intercambio. Los productos que, a lo largo de la transición, pueden verse afectados por estos mecanismos son los más sensibles para ambas partes: ganaderos y cereales panificables para España; vino, frutas y hortalizas por parte de la CEE, aunque a estos últimos les corresponde ya otro tipo de transición.

CUADRO 3.3

Relación de precios agrarios institucionales entre España y la CEE
(ECUs/Tm)

Productos	Precios comunitarios	Precios España	Relación España/CEE
Trigo blando	182,73	174,65	95,57
Trigo duro	312	193,54	62,03
Cebada	182,73	163,47	89,45
Maíz	182,73	174,65	95,51
Arroz	314,19	239,41	76,19
Remolacha azucarera	40,89	51,83	126,75
Aceite oliva	276,20	1.341,80	58,94
Girasol	582,20	354,80	60,94
Vino blanco	3,17/Hl.	0,93/Hl.	29,33
Carne bovino	3.439,30	2.856,9	83,00

FUENTE: Tió, 1985, *Papeles de Economía,* núm. 25, pp. 329-330.

3.3.3. La transición específica por etapas

En realidad, ese régimen de transición clásica, incluido el mecanismo regulador de intercambios, hubiera debido ser suficiente para asegurar la aproximación de la agricultura española, y así fue mantenido, en su día, por nuestra delegación. Pero la CEE, y sobre todo Francia, no podían aceptar este desarme de tipo clásico en frutas, hortalizas y materias grasas, es decir, en los sectores españoles más dinámicos, cuya libre circulación hubieran supuesto graves contratiempos para los restantes agricultores mediterráneos tanto comunitarios como nordafricanos e israelitas. Se recurre a un régimen «específico», de mayor duración (diez años) y dividido en dos etapas, demorándose hasta la segunda la auténtica integración en las OCM. En realidad, no es más que una manifiestación más del aludido doble lenguaje comunitario que bajo los principios de la libre circulación establece un régimen especialmente restrictivo en aquello en que nuestra agricultura es más competitiva.

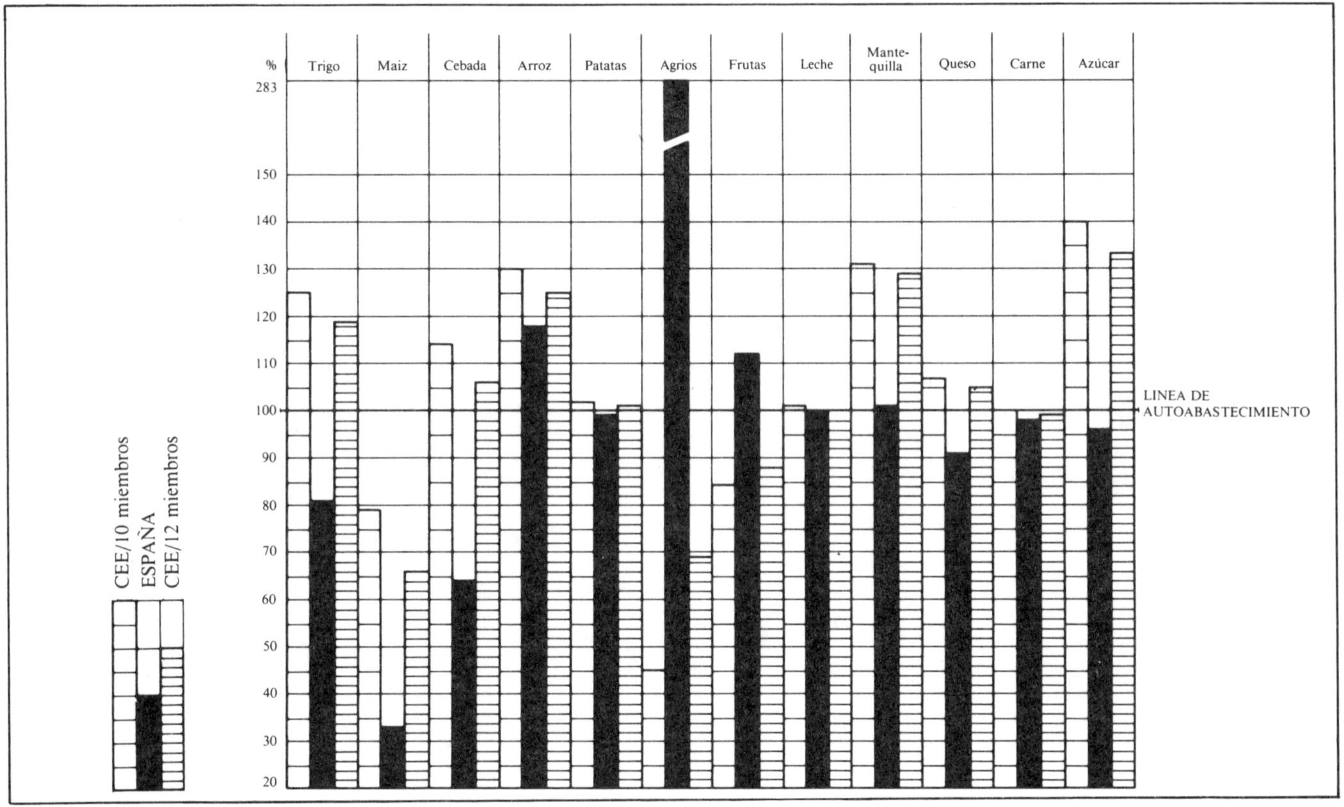

FUENTE: Comunidad Europea. *L' Europe Vent*, n.º 214, 1986.

Figura 3.1. Nivel comparativo de abastecimiento en productos alimenticios entre la CEE y España, antes y después de su integración.

España se vio, pues, obligada a ceder a cambio de algunas compensaciones en sectores más sensibles (leche y carne), pero los productos sometidos a la transición específica han quedado de momento al margen de la adhesión. Sólo a largo plazo y desde una perspectiva global podrán evaluarse las consecuencias reales de este acuerdo para la horticultura o olivicultura españolas.

3.4. Consecuencias de la adhesión para la agricultura española

De momento es difícil predecir cuál será el impacto de la adhesión para nuestra agricultura. Como hemos visto, el sistema de transición acordado parece ser suficiente para impedir que el choque pueda desestabilizar los sectores más sensibles, a costa de disminuir la competitividad de los más dinámicos. A corto plazo, la adhesión favorece más a los agricultores comunitarios, sobre todo los franceses, pero sin perjudicar en exceso a los españoles. Los problemas podrán plantearse más adelante, pero es de esperar que, para entonces, los agricultores españoles hayan aumentado sus márgenes de competitividad. De todas maneras, no sería correcto comparar la situación futura con la existente antes de la adhesión; sino con la previsible de nuestra economía dentro de cinco o diez años si el ingreso no se hubiera producido y la CEE hubiera impuesto crecientes restricciones a sus importaciones agrícolas españolas, que, de momento, representan casi el 80% de nuestras exportaciones.

En la mayoría de los casos la productividad de los cultivos españoles es menor que la de los comunitarios. En ocasiones las causas son inevitables, de tipo climático, pero la mayoría de las veces ello es debido a deficiencias técnicas o estructurales, posibles de corregir con las ayudas comunitarias y con los incentivos de la misma integración. Otro aspecto favorable es que la mayoría de los precios comunitarios también son mayores que los españoles. Su igualación aumentará las rentas agrícolas y los márgenes para la modernización.

Sin embargo, es equívoco hablar de los impactos de la integración sobre la agricultura española en general, lo que puede ser favorable para algunos sectores puede resultar inconveniente para otros. En este aspecto, la diferenciación geográfica es fundamental, ya que la integración supone la aproximación de dos ámbitos geográficos muy distintos. Es necesario distinguir las producciones de los regadíos litorales, de las características de la agricultura mediterránea de secano, y de los productos ganaderos en general o de la España húmeda en particular. Es la diferenciación tantas veces repetida entre una *Iberia húmeda* y otra *seca,* o entre la España *interior,* la *mediterránea* y la *cantábrica,* que recobran así toda su actualidad de cara a nuestra integración comunitaria.

3.4.1. La ganadería española en la CEE

Los países de la CEE, sobre todo los septentrionales, son grandes productores ganaderos. En casi todos ellos la ganadería representa el mayor porcentaje de la producción final agraria. Disfrutan desde hace tiempo de las ventajas de la PAC, de la que han sido los grandes beneficiados. La ganadería española, escasamente modernizada, tiene pocas posibilidades de competir ante todas esas circunstancias.

Los productos lácteos españoles son, por lo general, peores que los comunitarios, con menos grasa y proteínas. En ocasiones son también peores desde el punto de vista sanitario y bacteriológico y, lo que resulta más grave desde el punto de vista comercial, por lo general son también más caros. Las causas de esta situación son diversas: pequeñas instalaciones familiares con deficiente selección de animales y pobres instalaciones. También contribuyen las diferencias de pastos, un inconveniente difícil de salvar, lo que obliga a que la proporción de piensos y forrajes secos que consumen las vacas españolas sea más elevada que la de las europeas (GÓMEZ, 1986, página 103). Pero con todo, es un sector fundamental en la economía de las regiones septentrionales de la península, aunque el grado de modernización, y la consiguiente competitividad, es muy diferente entre Cataluña y Cantabria con las instalaciones más avanzadas, y Galicia con las peores.

En el tratado de adhesión se ha fijado un periodo transitorio que permita la mejora de este sector con ayuda del mismo sistema que ha posibilitado la gran expansión del europeo; pero entonces, se correrá el peligro de aumentar los excedentes de estos productos que ya sobresaturan el mercado. Para evitarlo se han fijado unas cuotas de producción, que disminuyen los rendimientos y dificultan la transformación.

Similar situación es la del vacuno de carne, más extendido por toda la Península, pero con explotaciones muy poco apropiadas. España ha sido siempre un país con escaso consumo de carne, por lo que su déficit de producción no era muy acusado. El aumento del nivel de vida y cambio en las prácticas alimenticias que conlleva, nos convierte en un potencial y atractivo mercado para los europeos. Es preciso la reestructuración y modernización de las explotaciones más rentables y, sobre todo, la mejora en la red de mataderos, almacenes y frigoríficos que es lo que en nuestro país tiene una estructura más primitiva.

Es el sector porcino el que, a pesar de su mejor competitividad, presenta una situación más problemática, a causa de la peste africana que, por afectar a algunas zonas del país, impide la libre circulación de nuestros productos por la CEE, mientras la enfermedad no se erradique, pero no a la inversa, por lo que, a corto plazo, se producirá cierto desequilibrio.

En definitiva, excepto la avicultura, de estructura y producción muy similar a la europea, y el ovino que es nuestra cabaña con más posibilidades ya que la CEE es deficitaria, el resto de las producciones ganaderas españolas, sobre todo las derivadas del vacuno, perderán parte del mercado nacional que, hasta ahora, han tenido reservado, con muy escasas posibilidades de ampliarlo en el comunitario. Su adaptación tendrá que ser bastante drástica.

3.4.2. Impacto comunitario sobre la agricultura de la España interior

Cereales, olivo y vid, las tres producciones esenciales de la agricultura mediterránea de secano, sufrirán la integración en Europa de forma distinta. En los cereales la competencia europea es muy fuerte, pues las mejores condiciones climáticas y estructurales permiten alcanzar una más alta productividad, sobre todo los trigos blandos panificables de los que Francia tiene grandes excedentes de buenos precios. Se favorecerá en nuestro país la expansión del cultivo de la cebada y de trigos duros, tal como viene ocurriendo desde años antes de la adhesión, y siempre que las condiciones físicas lo permitan.

El vino es uno de los casos que muestra la incapacidad de la CEE para adaptar su normativa a las nuevas circunstancias creadas por la ampliación (TIÓ, 1985, p. 34). En este terreno, la incorporación de España no es una simple ampliación, pues el viñedo español es 2/3 de todo el comunitario y, aunque sus rendimientos son menores, supone un aumento de tal envergadura, que obligará a modificar toda la política comunitaria del sector. Tanto en España como en la CEE sobra vino, sobre todo de mala calidad. Gran parte del viñedo español es demasiado viejo, en explotaciones pequeñas y tierras marginales. Las técnicas están escasamente modernizadas. Sin embargo, las condiciones climáticas son excelentes, al contrario de lo que ocurre en muchas regiones europeas donde sus caldos tienen que enriquecerse artificialmente con la adición de sacarosa o mosto, para alcanzar el grado alcohólico apropiado («chaptalización»).

Se impone, pues, fijar cuotas a la producción española, por debajo de su capacidad absoluta, obligando a la destilación y fomentando el arranque de las viñas peores (unas 100.000 has), con las correspondientes ayudas comunitarias. Pero está por ver la efectividad de esas medidas sobre la viticultura de otros países miembros, incapaces de momento de acabar siquiera con la chaptalización. Con todo, el margen de maniobra de nuestra vitivinicultura es aceptable, pues los precios españoles son casi la mitad de los comunitarios. Habrá que fomentar, asimismo, los vinos con denominación de origen y de mesa en los que nuestro país tiene una amplia competitividad, si se mejoran los procesos enológicos.

Similar es la situación del aceite de oliva que se ve afectado por las incongruencias de la política comunitaria de materias grasas, una de las pocas que no es proteccionista frente a terceros, pues fue diseñada cuando la CEE era escasamente productora y lo fundamental era asegurar el abastecimiento. Se estableció un sistema de altos precios de protección para sostener al aceite de oliva que fue paulatinamente desplazado del gusto de los europeos por el de soja, girasol o semillas, importados con facilidad o producidos en la misma Comunidad. La aproximación al mercado español, cuya estructura es radicalmente diferente, bajos precios de protección y restricción de importaciones, puede ser difícil, incongruente y costosa, dada la alta capacidad productiva del olivar español; aunque buena parte de éste es marginal, no se favorece una política de arranque, porque en muchos casos es el único cultivo posible.

La integración afectará también de forma diferente a las distintas producciones de los regadíos interiores. En azúcar Europa cuenta con abundantes excesos, mayores rendimientos y menores precios de garantía. Se ha fijado un aceptable proceso de aproximación, pero la situación será difícil para este sector. Mejores son las perspectivas para el tabaco, con buenos rendimientos, aunque la desaparición de su particular régimen de cultivo mediante concesiones administrativas, y la estrategia de las grandes multinacionales plantea múltiples incógnitas a medio y largo plazo.

En resumen, la agricultura de la España interior plantea, tras su integración comunitaria, múltiples problemas a la PAC. Tendrá que sufrir una fuerte competencia europea, pero en conjunto sus perspectivas son optimistas debido, sobre todo, a los bajos precios españoles.

3.4.4. La producción hortofrutícola española: Un desafío para la CEE

El panorama es totalmente diferente en frutas y hortalizas que han sido la gran contrapartida española. Se trata de productos altamente competitivos frente a los producidos en países comunitarios, tanto por su calidad como por su precio y el carácter temprano de su cosecha. Precisamente por ello hasta 1990 no se puede hablar, en propiedad, de auténtica integración en el mercado comunitario. Durante la primera etapa del régimen transitorio específico el desarme arancelario será muy lento, con lo que las exportaciones españolas estarán en peores condiciones que las extracomunitarias. Sólo a partir de la segunda etapa, seis años desde 1990, de implantación automática, la situación será más favorable y el régimen similar a la transición clásica.

Esta situación resulta especialmente paradójica en lo relativo a la citricultura, tradicional cultivo de exportación español a Europa, con una sólida red de distribución en el continente, establecida desde hace tiempo, y con un producto adaptado al gusto europeo. El sector ha quedado excluido de momento de una integración esperada y deseada desde los años cincuenta, mientras Europa no se autoabastece, ni siquiera con la producción española. No se comprende las duras condiciones impuestas al sector, si no es el temor europeo a la competencia y a las implicaciones sobre la economía de terceros países cuya estabilidad interesa a toda la Comunidad. Tampoco pueden exagerarse las consecuencias negativas. La citricultura valenciana seguirá siendo competitiva en Europa, gracias a las condiciones climáticas, a los sistemas y técnicas de cultivo, y a la proximidad de los centros de consumo que permite el transporte por carretera.

Los demás cultivos de los regadíos litorales, como las fresas de Huelva, la floricultura, los frutos tropicales o el arroz como cereal de regadío, tienen también buenas perspectivas, a pesar de las restricciones que deben afrontar durante la transición; pero conviene rebajar los costes de producción, homogeneizar sistemas de cultivo y mejorar la comercialización.

En definitiva, las oportunidades que se ofrecen a nuestra agricultura tras su integración en la CEE justifican el esfuerzo de adaptación durante el periodo transitorio. No hay que olvidar que la integración supone determinadas ayudas para la mejora de estructuras que en España muestran notables anacronismos. El fomento del asociacionismo agrario, con el desarrollo de nuevas formas de cooperación, que en Europa han dado excelentes resultados, las ayudas a la agricultura de montaña y a las zonas desfavorecidas, la mejora de los circuitos comerciales, redes de distribución e industrias agroalimentarias son aspectos clave en la necesaria modernización del campo español. Estas últimas, por ejemplo, muestran una excesiva atomización, y escasa o nula tecnificación. En este caso, la modernización, factor imprescindible para la competitividad, viene de la mano de las grandes multinacionales europeas o americanas que pueden llegar a controlar el sector si los empresarios españoles no reaccionan a tiempo.

3.5. La integración pesquera

Similares son los problemas de la incorporación de España a la significativamente llamada Europa Azul, sólo que los contrastes son mucho más radicales. Si la adhesión agrícola ha puesto de manifiesto ciertas incongruencias de la PAC, la pesquera evidencia que es necesario una nueva política para el sector, de la que la CEE prácticamente carece. Con la incorporación de nuestro país la pesca europea ha visto incrementadas sus capturas en un 30%, en un 32% el número de barcos, pero en un 70% el tonelaje total de la flota, además de casi doblar la población empleada en el sector. En definitiva, un considerable aumento de la capacidad productiva, pues la flota pesquera española de gran tonelaje ocupa en la actualidad el tercer lugar mundial, después de las del Japón y los EE.UU.

Además, España es un gran consumidor de pescado. Como casi todos los pueblos con débil gandería, los españoles cubrimos con productos del mar gran parte de las necesidades proteínicas. Precisamente lo contrario que la mayoría de los países comunitarios, que tan sólo consumen 16 kg de pescado por habitante y año frente a los 40 kg de la media española.

Orientaciones tan diferentes, que revelan distintas tradiciones culturales, deberían articularse con facilidad dado que podrían actuar como complementarias, pero la Comunidad ha seguido una política restrictiva frente a países terceros, especialmente el nuestro, cuyo mercado es envidiado tanto como temida su potencialidad pesquera. Por eso, fue especialmente crítico el periodo anterior a la adhesión, mientras se mantenían las correspondientes negociaciones, con frecuentes apresamientos de barcos y conflictos internacionales. Los europeos acusaban a los pescadores españoles de una agresividad y rapacidad que comprometía el equilibrio ecológico de las aguas comunitarias, pero a la vez pretendían vendernos el pescado que consumíamos y nos impedían capturar. Los armadores españoles no estaban dispuestos a renunciar a sus derechos adquiridos sobre determinadas aguas mucho antes de la fundación de la CEE, y preferían caer en la ilegalidad y correr el riesgo de apresamiento y la sanción. Por último, a diferencia de Portugal, España no ofrecía a la Comunidad a cambio de su potente flota, más que mares sobreexplotados, *handicap* más aparente que real, pues sólo un 10% de nuestra flota faena habitualmente en aguas comunitarias.

CUADRO 3.4

La pesca en la Europa Comunitaria

País	Número barcos	Tonelaje total	Media Tm/barco	Número pescadores
República Federal Alemana	1.072	85.498	79,7	5.229
Francia	12.195	180.220	14,4	20.177
Italia	22.195	316.838	14,2	34.000
Países Bajos	1.005	107.195	106,6	4.206
Bélgica	215	21.845	101,6	865
Reino Unido	7.086	186.692	26,3	23.358
Irlanda	1.664	39.467	23,7	8.975
Dinamarca	6.863	123.507	17,9	14.500
Grecia	854	56.466	66,1	46.500
España	17.499	738.469	42,2	106.584
Portugal	18.675	211.259	11,3	39.509

FUENTE: EUROSTAT.

Al final los inconvenientes se fueron solventando y se alcanzó un acuerdo bastante favorable. Se reconoce a España el acceso a las aguas comunitarias, con algunas excepciones a medio y largo plazo, como el *Irish box* irlandés y el Mar del Norte. Se la concede un mayor número de licencias y de más flexible utilización, y se amplía la cuota de capturas respecto al ejercicio anterior a la adhesión en casi todas las especies, lo que supone asegurar de momento la estabilidad del abastecimiento. Como país miembro, España participa en las organizaciones comunes de mercado de los productos pesqueros con mayores controles de calidad, estabilidad de los precios, etc. Nuestros pescadores podrán contar también con todo un sitema de ayudas para la renovación de la flota, y mejoras sociales que caracterizan a la política comunitaria.

CUADRO 3.5

Plan de pesca en aguas de la CEE para el periodo transitorio

Especies	Cantidades (Tm)	Incremento en % sobre Plan de Pesca de 1985
1. Cuota de pesca		
Merluza	18.000	102,2
Rape	2.517	29
Gallo	4.713	54
Cigala	—	(1)
Abadejo	—	(1)
Anchoa	29.000	0
Atún	Sin límite	0
Bacaladilla	30.000	(2)
Jurel	31.000	(2)
Tipo de pesca	**Número de barcos**	**Incremento en % sobre Plan de Pesca de 1985**
2. Presencia simultánea de barcos		
Merluceros	150	41,5
Sardinas (< 100 TRB)	40	0
Palangre (< 100 TRB)	10	0
Cañeros	64	28
Anchoa	160	0
Cebo vivo	120	0
Atuneros	Sin límite	0
Palometa	25	0

(1) Especies pendientes de la fijación del TAC comunitario.

(2) Nuevas especies para las que se ha fijado tope de capturas.

Las especies asociadas no sometidas a TAC carecen de toda limitación de captura para los buques españoles.

FUENTE: Oliver, 1985, p. 360.

Sólo un aspecto de esta adhesión puede resultar problemático, el futuro de nuestros acuerdos de pesca con terceros países (veintitrés en 1986) que irán expirando poco a poco. Estos acuerdos ya no son competencia del Gobierno español, sino de las instituciones comunitarias, que los renegociarán de acuerdo con las directrices de la política azul. Así ha ocurrido, por ejemplo, con el acuerdo con Marruecos firmado en 1983 y con validez hasta 1987 que afecta a más de 700 barcos españoles. Su renovación ha sido planteado por el país nordafricano como una pieza de renegociación global con la CEE con el fin de paliar las consecuencias que para dicho país tuvo el ingreso de España y Portugal, actitud de la que pueden derivarse complejas consecuencias para toda nuestra economía.

4. Desarme arancelario, política comercial e impacto industrial

La CEE es, ante todo, un mercado común. Las aspiraciones de unión supranacional, las disposiciones de política social, o el sistema de desarrollo regional que la Comunidad tiene en curso, no pueden hacernos olvidar que el objetivo principal es, tanto ahora, como en 1957, lograr la plena, total y libre circulación de mercancías y factores entre sus miembros, como camino más corto para la integración económica. Este principio, aplicable a todos los sectores, se ajusta especialmente al terreno industrial, como corresponde al nivel de desarrollo de los países miembros, especialmente de los seis fundadores. A diferencia de lo que ocurre con la agricultura o con la pesca, la CEE carece, o carecía hasta hace poco, de una auténtica política industrial específica, que no figura como tal en el tratado fundacional. El desarrollo industrial se logrará como consecuencia de la misma filosofía comunitaria y hubiera sido un contrasentido dedicarle un tratamiento especial.

Por eso mismo, las consecuencias que se produzcan en nuestra industria serán debidas más a la desprotección arancelaria y a las normas de libre competencia que a la adopción por España del acervo industrial propio de la CEE.

4.1. La Unión Aduanera. Del proteccionismo al librecambio

España es el único país comunitario que a los impactos inevitables que toda adhesión lleva consigo, ha tenido que soportar los más graves de un auténtico desarme industrial (ALONSO, 1985, p. 296). El Reino Unido, Irlanda y Dinamarca eran, de siempre, países librecambistas, que habían practicado ya sustanciales desarmes arancelarios como anteriores miembros de la EFTA. Grecia y Portugal habían disminuido su protección en frontera respecto a los países comunitarios como consecuencia de sus anteriores acuerdos preferenciales. Sólo España llega a la adhesión con un arancel de elevado nivel de protección, sólo tímidamente amortiguado respecto a la CEE por el Acuerdo Preferencial de 1970. En sólo siete años, España ha de alcanzar el desarme total respecto a los miembros de la CEE, y los demás países con los que la Comunidad haya establecido acuerdos en ese sentido. Además, habrá de proceder también a una rebaja sustancial de nuestro arancel frente a terceros, pues la Tarifa Exterior Común (TEC) es menor que la española.

La historia del proteccionismo en España, y su polémica con el librecambio es, en buena parte, la de nuestra economía. Como señalara Larraz, la idea que Cánovas, apoyado por los industriales vascos y catalanes y los cerealistas castellanos y andaluces, habría instaurado el proteccionismo en nuestro país, no es del todo exacta (LARRAZ, 1961, p. 106). En realidad España ha sido proteccionista siempre y vivido «al amparo de una muralla aduanera». Nuestro librecambismo fue episódico (1869-1891) y nunca llegó a privar a nuestra economía de una eficaz defensa aduanera. Esta se fue acentuando en los sucesivos acontecimientos internacionales: 1898, Primera Guerra Mundial; o políticos: Dictadura de Primo de Rivera, etc. En un estudio comparativo de 1927 de la Sociedad de Naciones sobre el gravamen medio de manufacturas en distintos aranceles de la época, se alcanzaba el mínimo en los Países Bajos y en el Reino Unido (menos del 10%) y el máximo en España (más del 40%) (LARRAZ, 1961, p. 112).

Desde los años treinta, el protecionismo español, al igual que el del resto del mundo, recurrió a otros mecanismos más eficaces que el arancel. Control de cambios y contingentes de importación suplieron con creces el gravamen de frontera. Aunque no se produjo ninguna elevación significativa del mismo, en la práctica, se fue acentuando el bilateralismo y el control total de nuestro comercio exterior.

La Guerra Civil, las consecuencias de la Mundial y el periodo de autarquía acentuaron esa misma tendencia. En 1960, como consecuencia del Plan de Estabilización, se promulga un nuevo arancel que supuso la vuelta al régimen multilateral y el comienzo de la liberalización de nuestro comercio exterior. Poco después España ingresaba en el GATT, lo que suponía incluir nuestro sistema arancelario en una estructura internacional que marcaría su evolución posterior.

El arancel de 1960 fue también claramente proteccionista, como no podía ser de otro modo dadas las circunstancias de la época. Su media aritmética de protección ascendía a un 24-25%, mientras que la del francés oscilaba en torno al 18% y la del italiano al 19%. Como la simple media aritmética es poco significativa, Larraz realizó un sondeo comparativo sobre el gravamen medio de 22 partidas significativas de nuestro comercio exterior, que en España era del 38,9%, en Italia no llegaba al 23% y en Alemania sólo del 12%, siendo la tarifa del Mercado Común del 16,6% (LARRAZ, 1961, p. 113).

Cuando se promulga este arancel, los seis países fundadores de la CEE habían realizado ya dos sustanciales reducciones de sus derechos arancelarios. Es decir, las diferencias iniciales tendían a acrecentarse a buen ritmo. España fue reduciendo también sus derechos arancelarios siguiendo las pautas del GATT. En 1970 su media aritmética de protección había bajado al 17%, y en 1980 al 13,6%. A ello contribuyó también la firma en 1970 de un Acuerdo Preferencial con la CEE, principal punto de origen y destino de nuestro comercio exterior, lo que suponía una sustancial reducción arancelaria entre ambas partes, más acusada del lado comunitario que del español. Mientras la CEE aplicaba a las importaciones españolas una reducción media del 55% para un 98% de los productos, a la inversa España sólo favorecía con una reducción del 25% al 80% de los productos (GÓMEZ, 1986, p. 75). Por eso en 1985 nuestro arancel seguía siendo excesivamente proteccionista, y lo era más, paradójicamente, frente a las importaciones comunitarias que respecto a la de países terceros. La media ponderada de protección en esa fecha, siempre algo más baja que la media aritmética simple, ascendía globalmente a un 8,24%, más restrictivo con la CEE (13,88%) que frente a terceros (4,97%), que incluye grandes volúmenes de importación (maíz, petróleo, etc.) con derechos prácticamente nulos (GÓMEZ Y BONET, 1985, p. 83).

Este sistema de protección tiene que ir desapareciendo paulatinamente hasta el 1 de enero de 1993, cuando se produzca el desarme total. Estos siete años del periodo transitorio parecen un tiempo suficiente, más cercano a los diez años solicitados por nuestra delegación, que a los tres ofrecidos al principio. Además, este capítulo estaba ya cerrado desde mucho antes de la adhesión, por lo que hubo un tiempo supletorio previo que jugó en favor de los empresarios españoles.

La industria española tendrá que hacer frente a otros desarmes de más envergadura. Al finalizar el periodo transitorio España habrá de aplicar la TEC a las importaciones de terceros países gravamen sensiblemente inferior a la de nuestro arancel. La CEE ha ido estableciendo, a lo largo de sus treinta años de existencia, un variado conjunto de acuerdos y normativas de política comercial con casi todo el mundo incluyendo sustanciales reducciones arancelarias y que, como el resto del acervo comunitario en la materia, tiene que ser asumido por España a pesar de ser anterior a la adhesión.

Es difícil prever las repercusiones que, en nuestro país, puedan tener la desaparición o la rebaja del arancel. Sin duda se producirán desviaciones hacia productos extranjeros, comunitarios o no, que sólo la mejora de competitividad de las empresas españolas podrá paliar en parte. Más difícil es el caso contrario, por las escasas posibilidades de penetración de nuestras manufacturas en el mercado comunitario, y no es fácil su mejora a lo largo del periodo transitorio. Al ser nuestro arancel más elevado, su desarme ha

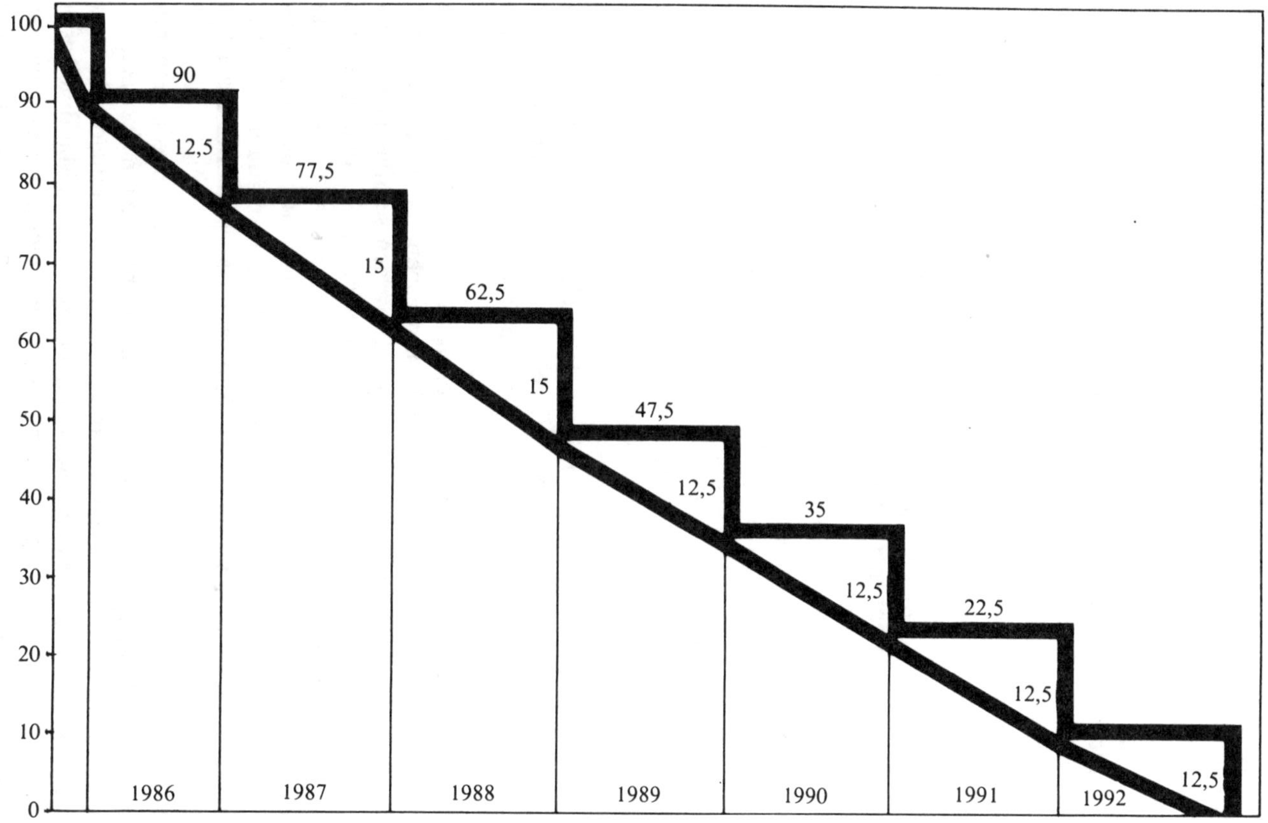

FUENTE: Alvarez y Bonet, 1985, p. 76.

Figura 4.1. Escala gráfica del desarme arancelario español.

de ser también mucho más rápido, lo que en la práctica supone una constante merma de competitividad.

En general esta situación afectará a todos los sectores, aunque a algunos de forma más sensible que a otros; por eso se han establecido algunos contingentes por ambas partes durante el periodo transitorio, de aquellos productos en los que se esperan mayores problemas.

4.2. España y la Política Comercial Comunitaria

Con el desarme arancelario y la adopción de la TEC, España se ha integrado en la Unión Aduanera de la CEE, pero además tendrá que adaptar su legislación a los acuerdos y normas de la Política Comercial Comunitaria. Dicha política sigue un principio jerárquico según la proximidad geográfica, cultural o sociopolítica a la Comunidad del correspondiente país tercero. Es el principio conocido por el nombre de *butoir,* que permite distinguir distintos conjuntos de países con los que la CEE mantiene diferentes niveles de relaciones comerciales, escalonando así las preferencias y ayudas. Se pueden distinguir dos tipos claramente diferenciados:

La llamada *Política comercial convencional o «contractual»,* que es la establecida con países o conjuntos de países mediante acuerdos específicos. Es el caso de las relaciones EFTA-CEE un desarme arancelario total en productos industriales de ambas organizaciones, que establece una zona de libre cambio en toda Europa Occidental. Otros ejemplos son los acuerdos preferenciales con terceros países mediterráneos, o con los del grupo ACP (Africa, Caribe, Pacífico), establecido en las sucesivas conferencias del Youndé y Lomé.

La asunción por España de toda esta política convencional supuso un cambio de nuestras relaciones comerciales internacionales, pues nos vimos obligados a denunciar, en aplicación del principio de butoir, los acuerdos bilaterales previamente establecidos o adoptarlos a las características de la política comunitaria. Así ocurrió con nuestras relaciones con la EFTA, regidas por un acuerdo de tipo preferencial que tuvo que ser sustituido por un completo desarme arancelario. Más importante puede ser el cambio de nuestras relaciones comerciales con los países mediterráneos, respecto a los cuales la CEE mantiene una actitud liberalizadora que contrasta con la más restrictiva de España, pues la mayoría de esos países son potenciales competidores del nuestro. Sin embargo, España se ha visto obligada a conceder a estos países el mismo trato de favor que les concedía la CEE, aunque en el Tratado de Adhesión se permitió una transición más dilatada de los productos más sensibles para nuestra economía.

En realidad, las relaciones de la CEE con los países mediterráneos, tanto los comunitarios como los que no lo son, va más allá de lo puramente comercial para constituir una de las claves de su futura reorganización. Hasta la fecha, los países septentrionales de la CEE han favorecido una relaciones comerciales liberalizadas con los países extracomunitarios de la cuenca mediterránea para facilitar la exportación a los mismos de sus productos industriales a cambio de importaciones agrícolas, sin importarles la competencia con las de los propios miembros mediterráneos. Esta situación se ha ido agravando con las sucesivas ampliaciones comunitarias hacia el sur. Los países meridionales de la CEE sostienen que la ayuda a los países ribereños del Mediterráneo no debe hacerse sólo desde el punto de vista comercial, sino mediante programas de cooperación más amplios sufragadas principalmente por la Europa rica del Norte; y los países terceros del Mediterráneo por su parte ven en la última ampliación un serio peligro para la continuidad de sus exportaciones a la CEE y piden se les reserve una cuota en los mercados. (MERRY DEL VAL, 1985).

También la adopción por España de los acuerdos CEE-ACP constituye un cambio de nuestras relaciones comerciales. Son esos acuerdos uno de los instrumentos más firmes de la ayuda al desarrollo seguida por la Comunidad Europea, aunque básicamente dirigida a países que, en su día, integraron los imperios coloniales francés o británico. En síntesis, las líneas

CUADRO 4.1

Desarme arancelario de España frente a países terceros
(En porcentaje de protección media nominal)

Productos	Arancel español frente a 3.os	TEC CEE frente a 3.os	Desarme español
Jabones	18,66	5,96	12,70
Explosivos	18,42	6,88	11,54
Productos fotográficos	14,71	4,08	10,63
Caucho	16,65	3,32	13,33
Seda	16	4,11	11,89
Lana	21,12	5,61	11,57
Lino	21,02	5,61	15,41
Algodón	24,75	5,88	18,87
Alfombras	26,60	8,06	18,54
Géneros de punto	27,06	11,74	15,32
Confección	31,18	10,89	20,29
Maquinaria	14,95	3,96	10,99
Material eléctrico	19,46	5,06	14,40
Automoción	26,64	8,60	18,04
Muebles	23,86	4,25	19,61
Juguetes	29,07	6,13	22,94

FUENTE: ALVAREZ Y BONET, 1985, p. 87.

básicas de esos acuerdos vigentes en la actualidad (III LOMÉ, 1984), consisten en el libre acceso al mercado europeo de los productos industriales, y algunos agrarios, de esos países, y en una serie de medidas de cooperación técnica y financiera. El problema fundamental que para España supone la adopción de esos acuerdos es la paulatina modificación de las líneas básicas de nuestro comercio exterior con países en vías de desarrollo, cada vez más similar al de los restantes países comunitarios, desviándose de nuestras tradicionales relaciones con Latinoamérica.

Además de esta política convencional, la CEE tiene otra serie de disposiciones comerciales que constituyen la *Política comercial autónoma.* Se trata de los regímenes comerciales especiales, concedidos a otros países autónomamente por la CEE sin negociación ni contrapartida alguna, y cuyo caso más significativo es el Sistema de Preferencias Generalizadas (SPG) a países en vías de desarrollo como ayuda a los mismos. La adopción de esta política autónoma plantea a España menos problemas que la política convencional. En todo caso, supone siempre una mayor liberalización que la política practicada por nuestro país antes de la adhesión.

4.3. Armonización fiscal y homogeneización monetaria

La libre circulación exige otros requisitos además del desarme arancelario y de la similitud de políticas comerciales. Se requiere cierta estabilidad monetaria y una homogeneización del tratamiento fiscal de la exportación. Para lograr un auténtico mercado común sería preciso también la abolición de trabas administrativas y otras disposiciones que indirectamente están perturbando la libre competencia. Hasta la fecha la Comunidad no ha sido capaz de remover en su totalidad todos estos obstáculos. Esa es precisamente una de las finalidades del Acta Unica Europea, que entrará en vigor cuando termine el periodo transitorio para integración de nuestro país. Pero al menos en los terrenos fiscal y monetario se han alcanzado aproximaciones importantes. Un informe de 1985 de la Comisión Europea sobre las consecuencias para nuestra industria de la última ampliación comunitaria, atribuye a las modificaciones del sistema fiscal y de la imposición indirecta la mayor responsabilidad en la desprotección del sistema industrial español y en la consiguiente pérdida de competitividad frente a la CEE. El desarme arancelario, al ser progresivo, tiene una menor repercusión que el Impuesto sobre el Valor Añadido (IVA) establecido sin transición previa en el mismo momento de la adhesión, y que ha hecho desaparecer todo el sistema de subvenciones fiscales a la exportación del que se beneficiaba gran parte de nuestro comercio exterior.

Con anterioridad a la formación de la CEE los países europeos, excepto Francia, tenían un sistema de imposición indirecta sobre las ventas de tipo

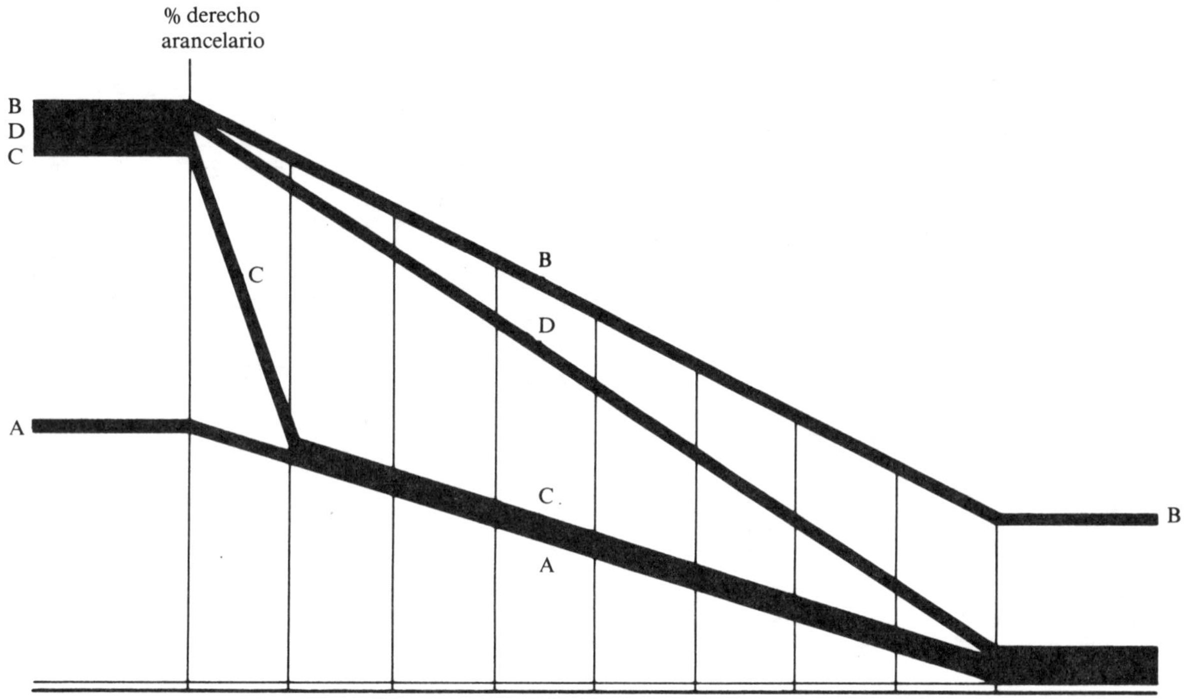

A = Países CEE, países EFTA.

B = Países terceros.

C = Países ACP, SPG y mediterráneos (productos no sensibles).

D = Países ACP, SPG y mediterráneos (productos sensibles).

FUENTE: Merry del Val, 1985, p. 280.

Figura 4.2. Distintos tipos y cadencias del desarme arancelario español.

acumulativo o «en cascada»; es decir, la carga fiscal que gravaba cada fase de la producción, se acumulaba a la base imponible de las sucesivas. Con ello era imposible conocer con exactitud la carga total soportada por el producto final, por lo que, desde el punto de vista del comercio exterior, no se podían aplicar mecanismos de ajuste en frontera que fueran auténticamente neutrales entre productos y países. Siempre cabía cierto subjetivismo más o menos interesado. El IVA fue, ante todo, una exigencia básica de la libre circulación; como tal se estableció por la Comunidad en sus orígenes y fue exigido a España en el mismo instante de la adhesión. Luego asumiría su otro objetivo principal, el de instrumento de financiación de los presupuestos comunitarios.

En España el IVA sustituyó hasta un total de veinticuatro impuestos, pero desde el punto de vista del comercio exterior su impacto puede reducirse a dos ámbitos concretos:

- Respecto a su incidencia sobre el sistema productivo, el IVA ha sustituido al antiguo Impuesto de Tráfico de Empresas (IGTE) y en determinados casos al impuesto de lujo, típicas imposiciones en cascada cuya sustitución no supuso problemas serios, ni siquiera la temida espiral inflaccionista.

- En cuanto a los mecanismos de ajuste en frontera, el IVA, cuya neutralidad y objetividad fiscal es indudable, ha sustituido al viejo sistema de desgravación fiscal a la exportación. En su lugar sólo se podrá percibir la devolución del IVA. Las mercancías importadas sólo podrán ser gravadas con el IVA a la importación, recibiendo así el mismo trato fiscal que los productos españoles, pues el antiguo Impuesto de Compensación de Gravámenes Interiores (ICGI), actuaba frecuentemente como un mecanismo restrictivo complementario del proteccionismo arancelario.

El control del cambio de la moneda ha sido un mecanismo clásico de intervención de cada Estado sobre su comercio exterior. Debido a ello, la CEE puso desde un principio, especial cuidado en establecer un sistema monetario estable que no distorsionara la deseada unidad de mercado y que evitara tanto el control rígido como la fluctuación excesiva. Esta preocupación figura ya recogida, aunque en términos ambiguos, en el artículo 105 del mismo Tratado de Roma. Los avances en este terreno fueron limitados y tardíos, a pesar de las numerosas iniciativas e informes al respecto. Al fin, en 1979, se estableció el Sistema Monetario Europeo (SME) que oficialmente no es más que un compromiso para mantener un equilibrio entre las diversas monedas que se acojan al mismo, para que no superen una fluctuación de ± 2,25%. Ello supone un sistema de cambios fijos pero ajustables (EGUIDAZU, 1985, p. 309), que ha permitido lograr estabilidad y flexibilidad en la organización monetaria europea y suprimir, por ejemplo, los montantes monetarios compensatorios.

La participación en el SME es voluntaria. España ha preferido, de momento, no integrarse en el mismo hasta 1989, aprovechando la revisión que, ese año, deberá hacerse de la composición del ECU, moneda de cuenta y eje de todo el sistema. Nuestro país, con una larga tradición de cambios intervenidos, no ha querido someterse a la disciplina monetaria que su pertenencia al SME hubiera supuesto, conservando mayor maniobrabilidad en los cambios para ayudar a mantener así la competitividad de nuestros productos, ante posibles emergencias durante el periodo transitorio. No obstante, se procurará que la peseta siga las fluctuaciones del ECU, dentro del margen establecido para preparar la futura integración.

4.4. La industria y las empresas españolas en la CEE

Sin aranceles ni contingentes ni cualquier otra forma de proteccionismo, con una moneda relativamente estable y sin desgravaciones a la exportación, ¿cuál será el futuro de nuestro sistema industrial?, ¿cuál la reacción de nuestras empresas ante esta forma, la más inmediata y directa, del desafío europeo?, ¿qué actitud adoptaron muchos empresarios tan partidarios de la liberalización interior, pero tan acostumbrados a la protección estatal frente al exterior cuando se aplique en España la estricta normativa comunitaria sobre la libre competencia? La misma Comisión Europea en un informe preparado, para este fin, a finales de 1985, temía el choque que sufrirá el tejido industrial español por la desprotección aduanera y la armonización fiscal en materia de comercio exterior. Hasta la fecha las consecuencias no parecen ser excesivamente graves, pero el mantenimiento de altas tasas de desempleo, las dificultades para la reconversión y la escasa competitividad de la mayoría de nuestras empresas plantea serias incógnitas de cara al futuro.

4.4.1. Competitividad y productividad

La clave de esta situación está en la necesidad que tienen la mayoría de las empresas españolas de alcanzar una productividad, por obrero u hora trabajada, similar a la de la Europa comunitaria, pues en la actualidad es sólo de un 75% de ésta. De no ser así, la competitividad será difícil de mantener, lo que hasta la fecha ha sido posible gracias al bajo coste laboral, a las ayudas del Estado y sobre todo, el proteccionismo aduanero.

Como consecuencia de estas tres circunstancias nació y se desarrolló nuestro tejido industrial. Un sector de pequeñas y medianas empresas (PYME), con una importante tradición artesana pero sólo relativamente mecanizadas y escasamente tecnificadas. Es la estructura característica de la mayoría de las industrias textiles, confección, cuero, calzado, madera, muebles, construcción y también del sector servicios. Estas empresas requieren mucha mano de obra en relación con su producción final, pero con salarios más bajos que los europeos, de ahí sus posibilidades competitivas, son sectores maduros, muy sensibles a la crisis, y más dados a las prácticas de la economía sumergida que a la innovación y la modernización.

La industrialización de la década de los sesenta desarrolló la industria pesada, con tecnología intermedia y mano de obra de relativa cualificación. Siderurgia, industria naval y automovilística, algunos complejos químicos, electrodomésticos, etc. Es decir, los sectores característicos de la industrialización convencional, de tardía implantación en nuestro país, que contaron con el impulso financiero del Estado, de la banca y de la inversión extranjera, siempre al amparo del proteccionismo y de los bajos salarios, pero que la crisis convirtió en «sectores maduros de necesaria reconversión» antes de haber podido alcanzar sus objetivos iniciales.

En definitiva, la crisis económica y los cambios estructurales que supone la integración española en la CEE determinan un giro radical en las bases de nuestro sistema industrial. El descenso de la demanda y el encarecimiento de costes, la desprotección y la libre competencia, la conflictividad laboral y el encarecimiento de la mano de obra, obligan a las empresas españolas a mantener su competitividad mejorando la productividad con más inversiones y mejoras técnicas. Es sintomático el hecho de que la formación bruta de capital no ha hecho más que descender desde 1975. El retraso en la adopción de medidas frente a la crisis y las exigencias sociales de la transición política fueron un grave *handicap* que hubo que arrostrar en un momento clave de la coyuntura internacional. La inversión extranjera, concentrada en determinados sectores, se ha recuperado y aumenta con rapidez, pero es necesario asegurar que sirve para potenciar las exportaciones y genera transferencias tecnológicas pues, de no ser así, está encubriendo un creciente colonialismo financiero sin contrapartida alguna. Pero la inversión española sigue siendo escasa en un país donde el porcentaje de recursos propios en la mayoría de las empresas es bastante bajo. Problemas como los de la financiación y funcionamiento de la Seguridad Social, las relaciones laborales y la flexibilidad en la contratación, o la presión fiscal siguen siendo temas de discusión que enfrentan a los agentes sociales y dificultan la deseada concertación para alcanzar el necesario nivel de competitividad.

4.4.2. La integración del sector energético

Energía y siderurgia cuentan, como es sabido, con dos comunidades específicas y autónomas dentro de la CEE: la CECA piedra fundacional de la Comunidad y el Euratom, o Comunidad Europea de la Energía Atómica. Este hecho, y el carácter económico básico de los sectores de los que se trata, justifica que en la adhesión se les haya dado un tratamiento específico.

El sector carbonífero español, tras su integración en la CECA, no parece que haya sufrido, ni vaya a sufrir, una competencia demasiado fuerte de los mejores y más baratos carbones europeos, que son consumidos mayoritariamente en sus mercados de origen. El peligro procede de las importaciones de otros países, buscando abaratar el aprovisionamiento energético de nuestra industria y su deseada competitividad; por ello la integración comunitaria obligará, a medio plazo, a una mayor racionalización del sector, eliminando las explotaciones menos rentables, con ayudas de la CEE.

El problema fundamental del sector energético español procede de su propia estructura, que difiere sustancialmente de la CEE debido, sobre todo, a su falta de ajuste a la crisis energética (IRANZO, 1985, p. 387). Como puede verse en el cuadro adjunto, nuestro aprovisionamiento energético está caracterizado, respecto al de la Comunidad, por una mayor proporción de consumo petrolífero, lo que lógicamente determina también un mayor grado de dependencia del exterior, en un sector estratégico de tanta trascendencia económica, mientras que los porcentajes del gas natural y de la energía nuclear son más bajos en España que en la Comunidad. El primero, debido a nuestras faltas de reservas de estos productos y a los conflictos exteriores que han dificultado nuestro aprovisionamiento. La energía nuclear suponía en 1973 un porcentaje ligeramente superior en España que en los países de la CEE, pero ha perdido puestos relativos debido a la problemática suscitada por este tipo de energía en momentos de gran sensibilización social en nuestro país. De cara a los años noventa, nuestra integración en el EURATOM habrá facilitado la aproximación del porcentaje español a la media europea, si se alcanza el necesario consenso social y político en la materia. Caso significativo es también el de la energía hidroeléctrica, proporcionalmente mucho más importante en España que en la CEE a pesar de las mayores dificultades físicas que existen en la Península, y que no es más que el resultado de una opción hidráulica ejercida por nuestro país hace casi un siglo.

Otra diferencia esencial respecto a la CEE es que nuestro consumo siguió aumentando durante los años setenta, mientras que el de los países europeos se adaptaba a la nueva coyuntura. Hay que tener en cuenta que es más fácil reducir el consumo en países desarrollados con derroche energético que en cualquier otro en vías de desarrollo como era el nuestro, donde se

CUADRO 4.2

Balances energéticos de España y la CEE

	1973			
	ESPAÑA		CEE	
	T.E.C. (millones)	%	T.E.C. (millones)	%
Petróleo	56,0	66,7	858,7	62,1
Carbón	14,5	17,3	317,0	22,9
Gas natural	1,2	1,4	165,5	12,0
Nuclear	2,2	2,6	25,3	1,8
Hidráulica y otras	10,1	12,0	15,7	1,2
Demanda total de energía primaria	84,0	100,0	1.382,1	100,0
Producción interior	23,4	27,9 (**)	504,4	36,5 (*)
	1983			
	ESPAÑA		CEE	
	T.E.C. (millones)	%	T.E.C. (millones)	%
Petróleo	60,0	57,6	625,9	48,3
Carbón	27,5	26,3	303,0	23,4
Gas natural	2,8	2,7	235,9	18,2
Nuclear	3,5	3,4	108,7	8,4
Hidráulica y otras	10,4	10,0	22,1	1,7
Demanda total de energía primaria	104,2	100,0	1.295,6	100,0
Producción interior	38,9	37,3 (*)	723,7	55,9 (*)
	1990			
	ESPAÑA		CEE	
	T.E.C. (millones)	%	T.E.C. (millones)	%
Petróleo	61,6	47,6	629,7	42,8
Carbón	31,5	24,3	345,6	23,5
Gas natural	6,3	4,9	271,3	18,4
Nuclear	15,2	11,8	207,1	14,1
Hidráulica y otras	14,8	11,4	17,1	1,2
Demanda total de energía primaria	129,4	100,0	1.470,8	100,0
Producción interior	58,8	45,4 (*)	804,0	54,7 (*)

(*) TEC (toneladas equivalentes de carbón).

(**) Indica el grado de autoabastecimiento, es decir, la cobertura con producción interior del total de la demanda de energía primaria.

FUENTE: IRANZO, 1985, p. 387.

habían alcanzado niveles muy modestos cuando se produjo la crisis. Este hecho es un dato más de la escasa adaptación de nuestra economía a la crisis de 1973.

Por todo ello, la integración de nuestro sistema energético en la estructura multinacional de la CEE, no puede suponer más que beneficios, dada la creciente supranacionalidad del sector. Mejorará la cobertura de nuestro aprovisionamiento, las ayudas para prospecciones e investigaciones de nuevos yacimientos y fuentes de energía y nuestra capacidad de negociación en los mercados internacionales, aspecto este último que es fundamental para nuestra economía, dado nuestra alta dependencia de los aprovisionamientos exteriores.

4.4.3. La reconversión y las expectativas de la siderurgia

La siderurgia fue, desde fines del XIX, el sector característico de la gran industrialización. De la misma manera, su crisis y las exigencias de reconversión, lo son de la actual problemática de la industria comunitaria. En su orígenes la CECA fue un proyecto de poner en común la producción de carbón y acero, los dos elementos simbólicos de todo el sistema industrial, para aproximar intereses nacionales y fomentar el desarrollo, objetivos que se cumplieron con creces. Desde 1974 el problema fundamental de la CECA fue la sobrecapacidad del sector siderúrgico europeo, por ello se emprendieron vastos procesos de reconversión con drásticas reducciones de plantilla, concentraciones y cierres de empresas y disminución de la producción. Hoy, con unos años de diferencia, se considera que la reacción europea fue tardía respecto a EE.UU. y Japón, y la siderurgia europea sigue siendo excedentaria (ORTÚN, 1985, p. 368).

Más lenta fue aun la reacción en España. La siderurgia española, como la mayor parte de nuestra industria moderna, es un producto tardío que se benefició de un mercado interior en constante expansión, por lo que los efectos de la crisis económica no se notaron de forma inmediata. En 1974 se alcanzó el máximo de la demanda interior de productos siderúrgicos, lo que con un optimismo suicida hizo prever un constante aumento de la misma hasta la década de los ochenta. Y mientras las grandes potencias industriales y la CEE inician sus planes de reconversión, en España la capacidad de producción aumentó en casi el 50% entre 1974 y 1980. Las consecuencias fueron desastrosas y las pérdidas crecientes en todas las empresas del sector. Hasta 1983 no se adoptaron las medidas necesarias que, dado su retraso, tuvieron efectos traumáticos y degeneraron en graves conflictos sociales (Sagunto y Reinosa, por ejemplo).

Las negociaciones para la integración del sector siderúrgico español en el comunitario giraron en torno a la reconversión y en las ayudas comunitarias para ello. Se concedió un plazo de tres años para terminar la reconversión en curso, al final de los cuales la producción española debería ser un 16% inferior que en 1980, estabilizándose en torno a las 18 millones de Tm de laminados en caliente y se establecieron unas limitaciones a las exportaciones de España a la Comunidad pero garantizándose unos mínimos.

Pero el sector siderúrgico sigue siendo crítico tanto en España como en la CEE, sobre todo por lo que se refiere a los aceros comunes, por lo que las consecuencias de la integración son difíciles de prever y están ligadas a la evolución de la coyuntura internacional. No obstante, es previsible que la siderurgia española, tras la drástica reestructuración de los últimos años, pueda alcanzar aceptable nivel de competitividad, en lo relativo a los aceros especiales y a la siderurgia integral.

CUADRO 4.3

Producciones totales de acero en los países de la CECA
(En miles de toneladas)

	1984	1985	1986
Alemania, República Federal	39.389	40.497	37.134
Bélgica	11.300	10.683	9.722
Dinamarca	548	528	632
España	13.484	14.193	11.906
Francia	13.484	18.627	17.666
Grecia	18.827	985	1.010
Irlanda	166	203	208
Italia	24.062	23.898	22.758
Luxemburgo	3.987	3.945	3.707
Países Bajos	5.743	5.521	5.283
Portugal	687	663	710
Reino Unido	15.214	15.766	14.837
TOTAL	134.302	135.515	125.520

FUENTE: EUROSTAT.

4.4.4. Industrias metalúrgicas y mecánicas

El siderúrgico no es el único sector industrial necesitado de reconversión que va a sufrir el choque de la integración comunitaria. También existen problemas en la industria naval que, a pesar de la radical reducción en la cartera de pedidos, todavía ocupa el quinto puesto del *ranking* mundial. Como sector maduro ha tenido que sufrir una drástica reconversión con casi un 40% de reducción de plantilla, pero no se han despejado totalmente las perspectivas de futuro, pues la reactivación del sector se presenta con suma lentitud. La incorporación al mercado comunitario facilitará los pedidos y permitirá afrontar la competencia internacional en mejores condiciones.

La industria automovilística es un claro ejemplo del auge industrial español de la década de los sesenta y de los problemas que supone la integración comunitaria a finales de los ochenta. El proteccionismo, las facilidades de la inversión extranjera y el impulso del propio Estado a través del INI permitieron un desarrollo espectacular de este sector que contaba con una demanda interior creciente y segura, consecuencia del aumento del nivel de vida. Luego, las favorables condiciones del Acuerdo Preferencial de 1970 permitieron que, a cambio de una pequeña reducción del arancel español, nuestros vehículos pudieran exportarse casi libremente a la CEE. Las condiciones de la adhesión y el desarme que comporta amenaza con una auténtica invasión de coches no sólo europeos, sino también japoneses. Las industrias españolas, filiales de las grandes multinacionales, aprovecharán seguramente la liberalización del mercado para importar productos auxiliares más baratos, aumentando así su competitividad, en detrimento de la industria auxiliar española. Por eso el periodo transitorio mantiene cautelas en este terreno y se establecen cupos de coches de importación con aranceles bajos, retrasándose algo el problema. Existen además otros escollos, como la gran heterogeneidad de normas comerciales, técnicas, de seguridad o contaminación, que hacen a este mercado no tan común como pudiera parecer. Otro capítulo difícil de prever es el comercio de coches de segunda mano que, muchas veces, encubre prácticas de falsa competencia y dada la importancia de este mercado en nuestro país, tendrá notables repercusiones sobre nuestro sector automovilístico.

4.4.5. Otros sectores industriales

En general el panorama es diverso y bastante imprevisible. Mientras en electrodomésticos la situación es relativamente satisfactoria, después de la reconversión de los últimos años, y no se esperan graves contratiempos con la adhesión, en las industrias de equipamiento eléctrico en general la competencia europea puede hacer desaparecer a gran número de medianas y pequeñas empresas. La industria química tampoco presenta globalmente una situación demasiado negativa ante el ingreso, exceptuando algunos subsectores como el de materias primas, transformados plásticos, fertilizantes y productos farmacéuticos, protegidos con contingentes durante el periodo transitorio.

Las industrias tradicionales: textiles, cuero, muebles, etc., en cuanto sectores maduros, han sufrido especialmente el impacto de la crisis pero, por su mayor flexibilidad, ha podido adaptarse a las nuevas perspectivas creadas por el ingreso en la CEE. La industria textil y la de la confección tienen que hacer frente a una mayor competencia, tanto comunitaria —italiana y portuguesa, principalmente— como de terceros países menos industrializados del Extremo Oriente, cuyos productos son más baratos y se benefician del sistema de Preferencias generalizadas. La mejora de la calidad de los tejidos y los más sugestivos diseños en la moda pueden ser excelentes instrumentos de penetración de nuestra industria en el mercado europeo de alta capacidad de consumo.

Por lo que respecta a la industria del cuero y del calzado, su más grave inconveniente es la gran atomización empresarial, pero en general su capacidad exportadora, ya acreditada desde hace tiempo, mejorará al final del periodo transitorio, aunque también tendrá que hacer frente a una mayor competencia en el mercado interior.

4.5. España y la política industrial comunitaria

En definitiva, el resumen de todo lo dicho puede expresarse en terminos muy sencillos. El ingreso de España en la CEE representa para nuestra industria su integración, en una época de crisis, de unos sectores que sufren las consecuencias de ésta y en un mercado como el europeo que también arrastra las mismas consecuencias, aunque en menor medida. El principal problema de la adhesión radica en el momento y las circunstancias en que se ha producido, más que en la forma. Si al principio de este capítulo afirmábamos que lo peor de la adhesión era el desarme de una economía que había vivido siempre bajo un eficaz proteccionismo, peor que ese mismo desarme es la inevitable reconversión, sin la que la adhesión no hubiera tenido lugar. Entre los tres, integración comunitaria, desprotección comercial y reconversión industrial, se ha debatido nuestra industria en los momentos más críticos de su reciente historia.

El más grave problema es el riesgo de especialización de nuestra industria en un nivel tecnológico intermedio, con una mano de obra poco cualificada y más barata que en Europa. En estas condiciones nuestras manufacturas podrían suplir a algunos productos que se importan de países en vías de desarrollo, pero a cambio de mantenerse siempre dentro de unos límites muy modestos.

Hasta la fecha el comercio intracomunitario es especialmente intenso dentro de un mismo sector, sin que se den especializaciones de la producción industrial por países (DÜRR, 1983, p. 29). Es decir, lo que se ofrece a nuestros empresarios de cualquier rama es un mercado de más de trescientos millones de alta capacidad de consumo.

Tampoco hay que olvidar que nuestro ingreso en la CEE no sólo supone libre competencia y desprotección sino diversas ayudas e incentivos. Ya nos hemos referido a los planes previstos por la Comunidad para paliar los efectos negativos de la reconversión industrial. Otro capítulo esencial para nuestra economía puede ser la política comunitaria respecto a las PYMES, dado el alto porcentaje de éstas en nuestro país. En la potenciación de estas pequeñas y medianas empresas se piensa pueda estar una de las salidas de la actual situación de paro estructural que vive Europa (Informes Notenboone y Deleau del Parlamento Europeo). Por último, los programas de investigación y desarrollo (I+D) intentando recuperar la vanguardia tecnológica que Europa perdió ante EE.UU. y Japón constituyen la única posibilidad de nuestro país de superar su ancestral retraso tecnológico. En este terreno, el desarrollo de la industria electrónica en España puede ser un ejemplo significativo. De momento, en términos de producción ocupamos los últimos lugares de los países comunitarios, con tan sólo Portugal y Grecia detrás de nosotros. Pero la llegada de la ATT, las iniciativas de la CTNE y el cumplimiento de los objetivos del PEIN pueden mejorar la situación aunque, de momento, la transferencia de tecnología siga siendo escasa.

5. La problemática regional: La España de las autonomías en la CEE

Desde el punto de vista geográfico cabe preguntarse qué cambios espaciales pueden esperarse del ingreso de España en la CEE. El más importante, que en todo caso sólo será una realidad a largo plazo, es la constitución de un espacio geoeconómico único que englobe los territorios de los actuales Estados miembros, desdibujándose las actuales diferencias nacionales y acentuándose la coherencia, solidaridad e interrelaciones entre las diversas regiones europeas. La duda estriba en saber si ello es posible en una Comunidad económica que, desde su constitución, no ha hecho más que acentuar las diferencias entre sus territorios más desarrollados y los más pobres, sobre todo tras la última ampliación, pues todas las regiones de España y Portugal están por debajo del índice medio europeo de problemas regionales. ¿En qué afecta ello a nuestro país?

La unión aduanera y las políticas comunes, cuya repercusión sobre nuestro país hemos analizado en los apartados anteriores, son los principales mecanismos de la integración económica; la política de desarrollo regional lo es de la reestructuración territorial de la CEE sin la que no sería posible, en el futuro, una nueva fase más ambiciosa del proceso comunitario. Aquéllas están presididas por el principio de la libre circulación como motor básico de la prosperidad y el desarrollo. Responden a una actitud liberal que pretende esencialmente remover los obstáculos —como las fronteras nacionales, los aranceles, la desarmonía fiscal, etc.—, que se oponen al libre juego de los factores económicos. Los programas y políticas de desarrollo regional tienen otros objetivos distintos: equilibrar, mediante diversas acciones y ayudas, las diferencias económicas existentes entre las regiones europeas para evitar que la riqueza se concentre en unas pocas a causa precisamente de ese mismo libre juego de factores económicos. Suponen, por ello, cierta actitud intervencionista para obtener una redistribución económica más justa, imprescindible para los fines últimos del proceso de integración.

En definitiva, se trata de saber si podemos abordar el estudio de la CEE como si de una sola unidad geográfica se tratara, en la que cada país fuera la parte de un todo, como Andalucía de España o Aquitania de Francia, y de cuáles pueden ser las diferencias regionales y dificultades de integración que se opongan a esa unidad.

Contestar a esta pregunta supone tratar dos temas de gran trascendencia para el futuro de Europa y de especial interés para nuestro país. El primero, de raíz esencialmente política, consiste en saber si es posible articular unidades territoriales que responden a concepciones aparentemente antagónicas, como región, nación o supranacionalidad, últimas consecuencias de la compleja historia del continente. El segundo, más económico y social, supone hallar una progresiva política de desarrollo regional que disminuya y equilibre las diferencias entre los diferentes territorios comunitarios.

Ambos temas tienen una especial repercusión sobre España. Respecto al primero, hay que tener en cuenta que la adhesión a la CEE marca un cambio radical en nuestras relaciones exteriores, pone fin al proteccionismo y a una cierta forma de aislamiento, y coincide con la creación del Estado de las Autonomías, otro modelo distinto al unitario que ha prevale-

CUADRO 5.1

Situación de las regiones españolas según el índice sintético de intensidad relativa de los problemas regionales

(En porcentaje de la media CEE/12 = 100)

Comunidad Autónoma	Indice	Número de orden de peor a mejor
Andalucía	44,8	1
Extremadura	49,0	2
Canarias	56,7	3
Castilla-La Mancha	70,6	12
Murcia	74,1	15
País Vasco	77,6	17
Valencia	79,9	20
Asturias	81,6	23
Navarra	82,0	25
Castilla-León	82,5	27
Madrid	82,8	29
Cataluña	84,7	34
Aragón	85,9	36
Galicia	88,2	41
Cantabria	88,6	42
Baleares	94,2	51
La Rioja	98,9	71

FUENTE: Elaboración de P. González y R. Velasco, citado por SÁEZ DE BURUAGA, 1985, p. 254.

cido desde el XVIII. Ambos procesos en cierta manera se complementan determinando otra estructura política tanto en su vertiente exterior como interior.

En cuanto a los desequilibrios regionales intraeuropeos, toda España pertenece a la periferia pobre de la CEE. La región española mejor situada, según el índice sintético de intensidad relativa de los problemas regionales, es La Rioja, a dos puntos por debajo de la media comunitaria y en el puesto número 78 de un total de 149 regiones. Todas las autonomías españolas se encuentran en situación de solicitar ayudas del FEDER, aunque no es posible que sean aceptadas todas las peticiones de un mismo país.

5.1. Las Comunidades Autónomas en las Comunidades Europeas

Desde el 18 de diciembre de 1979, en que se aprueban los Estatutos de Autonomía de Euzkadi y Cataluña hasta el 1 de enero de 1986, en que España ingresa en la CEE el Estado español se ha visto desprovisto paulatinamente de atribuciones consideradas tradicionalmente como exclusivas de su jurisdicción. Las unas como consecuencia de la transferencia de competencias a las respectivas comunidades autónomas, las otras en virtud de la preminencia del derecho europeo sobre los nacionales en determinados aspectos concretos. Puede darse el caso de que una directiva comunitaria relativa a un tema transferido a cualquier Autonomía sea interpretada y ejecutada por los órganos regionales con lo que el Estado queda al margen del proceso a pesar de ser a él a quien corresponde la jurisdicción sobre los acuerdos internacionales. ¿Cuál es, pues, el papel del Estado nacional en este proceso? ¿Marchamos acaso hacia una Europa de las regiones en que hayan desaparecido las diferencias nacionales?

Esas preguntas, cuya respuesta sólo podrán conocerse en el futuro, encierran de momento una compleja problemática que en España reviste dos dimensiones esenciales: una ideológica, entre los partidarios de la asunción por las regiones del protagonismo en el proceso de integración europea y los que siguen defendiendo en el mismo la preminencia nacional; y otra administrativa, debido a los conflictos y recelos en materia de competencias comunitarias entre el Estado y los gobiernos autonómicos.

El primer aspecto parte del hecho evidente de que todo proceso de supranacionalidad tiene como consecuencia indirecta diluir, en buena media, el sentimiento nacional. La polémica surge cuando se considera cuál es el sentimiento nacional que será paulatinamente diluido: el que llevó en su día a la formación de los actuales Estados europeos o el que en la actualidad sostiene las reivindicaciones autonómicas o independentistas de algunas regiones europeas. Para los primeros, el Estado Nacional

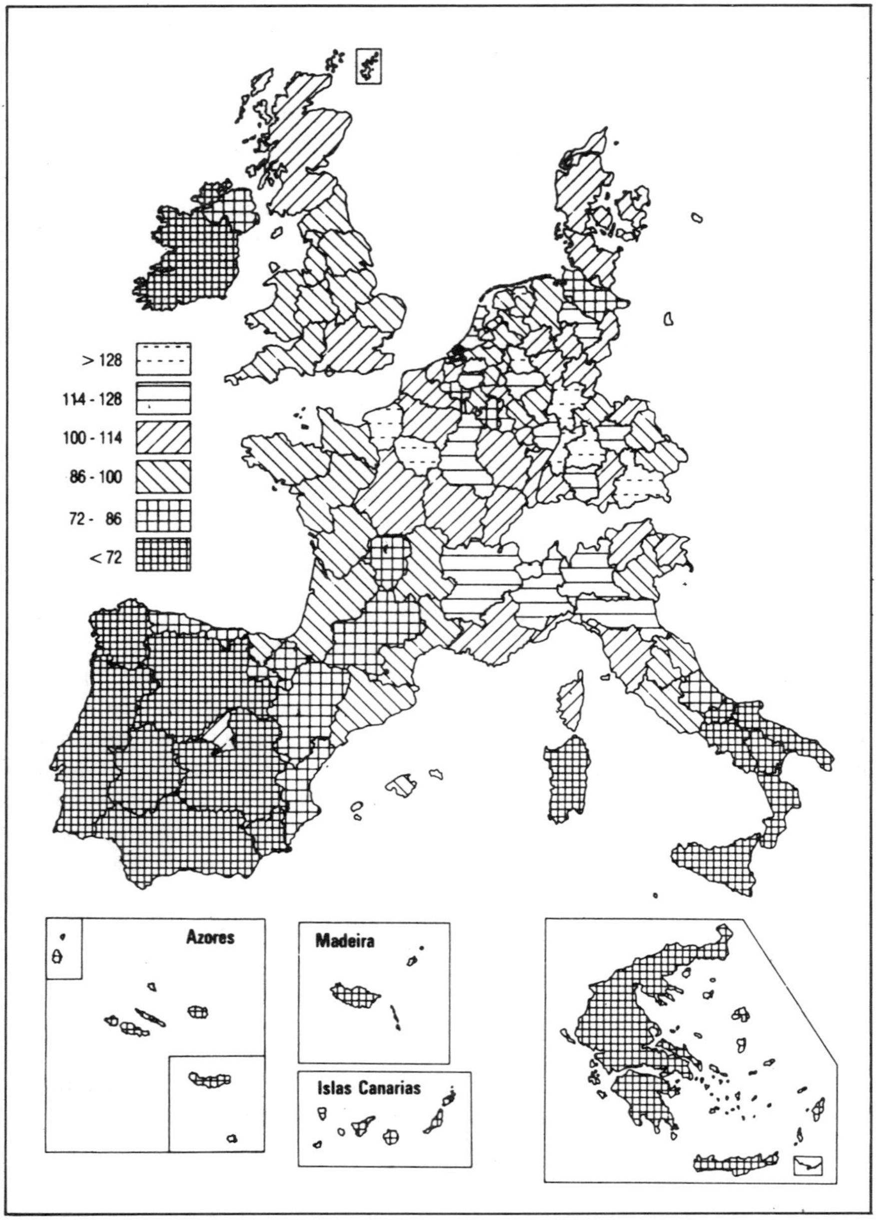

FUENTE: Documentos de la comisión de las CE n.º 9/1984.

Figura 5.1 Nivel del producto interior bruto por habitante. (Media 1977, 1979 y 1981, precios corrientes y capacidad adquisitiva - EUR12 = 100.)

decimonónico ha agotado su ciclo, por ser demasiado estrecho y reducido para hacer frente a los desafíos del siglo XXI, y demasiado grande para responder a los deseos y aspiraciones cotidianos de los ciudadanos. Ello conduciría indefectiblemente a la formación de una Europa de las Regiones en que éstas, y no los Estados, desempeñarían el principal protagonismo.

Los otros, por el contrario, considerando utópicas esas aspiraciones, afirman que es un anacronismo reclamar una reivindicación nacionalista para regiones que nunca alcanzaron la plenitud nacional en el pasado precisamente en el momento que el proceso comunitario está vaciando de contenido muchas de esas reivindicaciones. Los Estados nacionales cumplen una función esencial en el proceso de integración europea en el que no pueden ser suplantados por las regiones. El europeísmo debe contribuir a amortiguar gran parte de los «excesos» de nacionalismo regionalista.

La propia experiencia comunitaria en la que las regiones están cobrando una especial importancia, dando lugar a organizaciones e instituciones específicas (CEDRE, CONSEO, etc.) y la práctica de estados con estructura regional, como Italia, o federal, como Alemania, revelan que es perfectamente posible de momento la coexistencia de los tres niveles de articulación política, administrativa y regional: regiones, naciones y comunidad, cada uno con funciones específicas. Otra cosa es que en España se precise desarrollar los instrumentos de coordinación entre los mismos.

Este problema se manifiesta con mayor claridad en el otro aspecto aludido, el administrativo. Según la Constitución es al Estado al que corresponde la plena jurisdicción en los tratados internacionales. En su virtud, son las Cortes Generales quienes ratificaron el Tratado de Adhesión cuyas cláusulas obligan a toda la nación. Muchas de las disposiciones del Tratado se refieren a temas en las que las autonomías tienen competencia plena, lo que ha planteado un doble problema: por un lado, los gobiernos autonómicos temen que, al amparo del Tratado de Adhesión y de la Ley Orgánica que lo ratifica, el gobierno del Estado pretenda cercenar algunas de las competencias reconocidas y ya transferidas; por otro, puede darse el caso contrario, que una comunidad autónoma con plena competencia en un tema de responsabilidad de la CEE no cumpla la normativa comunitaria correspondiente, cuya obligatoriedad ante Bruselas corresponde al Estado. Este se vería así obligado internacionalmente pero sin competencias interiores para la ejecución.

Es necesario, pues, una armonización entre Autonomías y Estado en el tema comunitario. Una gran parte de los estatutos de autonomía de muchas regiones españolas contienen disposiciones relativas al seguimiento y la información de los temas internacionales que puedan afectarlas, y así se hizo durante las negociaciones para la adhesión. Excepto en Galicia, Cantabria, La Rioja y Comunidad Valenciana, los demás estatutos de autonomía confieren a las respectivas regiones la capacidad de desarrollo normativo de aquellas disposiciones comunitarias que no son de inmediata aplicación relativas a temas transferidos. Lógicamente ese desarrollo no podrá diferir demasiado en la práctica entre regiones de similares circunstancias, por lo que se impone el papel coordinador y regulador del Estado sin menoscabo de las competencias regionales.

5.2. Comunidades autónomas y desarrollo regional

Muchas de las competencias asumidas por las autonomías comportan acciones que pueden ser financiadas por la CEE. Si a ello unimos que, como se dijo, todas las regiones españolas reúnen en teoría las condiciones mínimas para poder solicitar los fondos de ayuda del FEDER, fácilmente se comprenderá la importancia que este aspecto de la integración tiene para nuestro país.

Desde el punto de vista comunitario la situación había sido ya prevista en el segundo informe sobre las regiones de Europa de 1984, donde se ponía de manifiesto cómo la ampliación de la Comunidad a doce miembros agravaba notablemente los desequilibrios regionales y empobrecía el conjunto comunitario en valores relativos y no sólo porque la aportación de los dos nuevos miembros sea inferior a la media de la CEE-10, sino porque los países ibéricos ocupan una posición muy excéntrica respecto al

CUADRO 5.2

Valor de los fondos concedidos a los países comunitarios en el decenio 1975-1985, procedentes del FEDER

País	Total (millones ECUs)	PIB/hab. 1983 (miles ECUs)	Fondos/hab. (millones ECUs/hab.)
Italia	5.203	6.985	91,6
Reino Unido	3.463	9.072	61,4
Francia	2.000	10.735	36,5
Grecia	1.531	3.953	155,2
República Federal Alemana	632	11.956	10,2
Países Bajos	176	10.336	12,2
Irlanda	879	5.762	251,4
Dinamarca	143	12.393	28,1
Bélgica	137	9.144	13,9
Luxemburgo	11	9.830	39,3

corazón económico de la Comunidad, situado en las proximidades del Rin. A partir de 1986 se dobló la aportación financiera de los fondos estructurales que puedan contribuir al desarrollo regional (FSE, FEOGA-Orientación, FEDER, principalmente) y se potenciaron los otros instrumentos que puedan utilizarse con tal fin (BEI, NIC, etc.). Pero no parece ser suficiente lo que constituye uno de los mayores retos de futuro que tiene planteada la CEE.

Casi todas las regiones españolas pueden acogerse a la ayuda comunitaria, aunque rara vez éstas se conceden a la totalidad de un país. La Comunidad viene considerando cinco tipos de regiones diferentes que, por lo general, necesitan ayudas de carácter regional:

1. Regiones esencialmente rurales y con bajos niveles de productividad. Tal es el caso de la mayoría de las regiones interiores de la Península, de Galicia y gran parte de Andalucía.
2. Regiones de vieja industrialización, en otro tiempo pioneras del desarrollo (textil, siderurgia, naval, etc.) pero, por ello mismo, muy afectadas hoy día por la crisis que provoca elevadas tasas de desempleo y dificulta la innovación tecnológica. En España el caso más característico es el del País Vasco.
3. Areas intensamente urbanizadas en las que la concentración demográfica genera tal densidad de problemas que congestiona las posibilidades de mejora del nivel de vida.
4. Zonas periféricas que padecen altos costes de transporte. En este caso, Canarias constituye un ejemplo característico.
5. Por último, las zonas fronterizas que ven, por ello, dificultado su tráfico natural.

Teniendo en cuenta estos criterios y el lugar que las regiones españolas ocupan en el *ranking* europeo según el índice sintético de problemas regionales, la Comunidad seleccionó seis regiones como prioritarias para recibir las ayudas del FEDER. Estas regiones fueron, en principio, Andalucía, Extremadura, Canarias, a la cola de dicho *ranking,* más Castilla-La Mancha, Castilla-León y Galicia. También estas seis, más Murcia, Ceuta y Melilla, fueron consideradas prioritarias para acceder a las ayudas del FSE (GÓMEZ, 1986, p. 199). Pero como se ha dicho en varias ocasiones, es imprescindible definir una política regional en España que pueda integrarse y acogerse coherentemente con la que inevitablemente tiene que potenciar la CEE.

Desde el lado español lo más problemático es la superposición de la política comunitaria de desarrollo regional con el desconcierto administrativo creado por la nueva organización autonómica del país. Dadas las dificultades que el tema regional presenta en Europa, uno de los objetivos fundamentales de la CEE es la coordinación de todas las medidas que puedan tener un impacto sobre el desarrollo regional, tanto comunitarias como estatales o regionales, por lo que se exige previamente un Programa de Desarrollo Regional (PDR) para poder acogerse así a las ayudas del

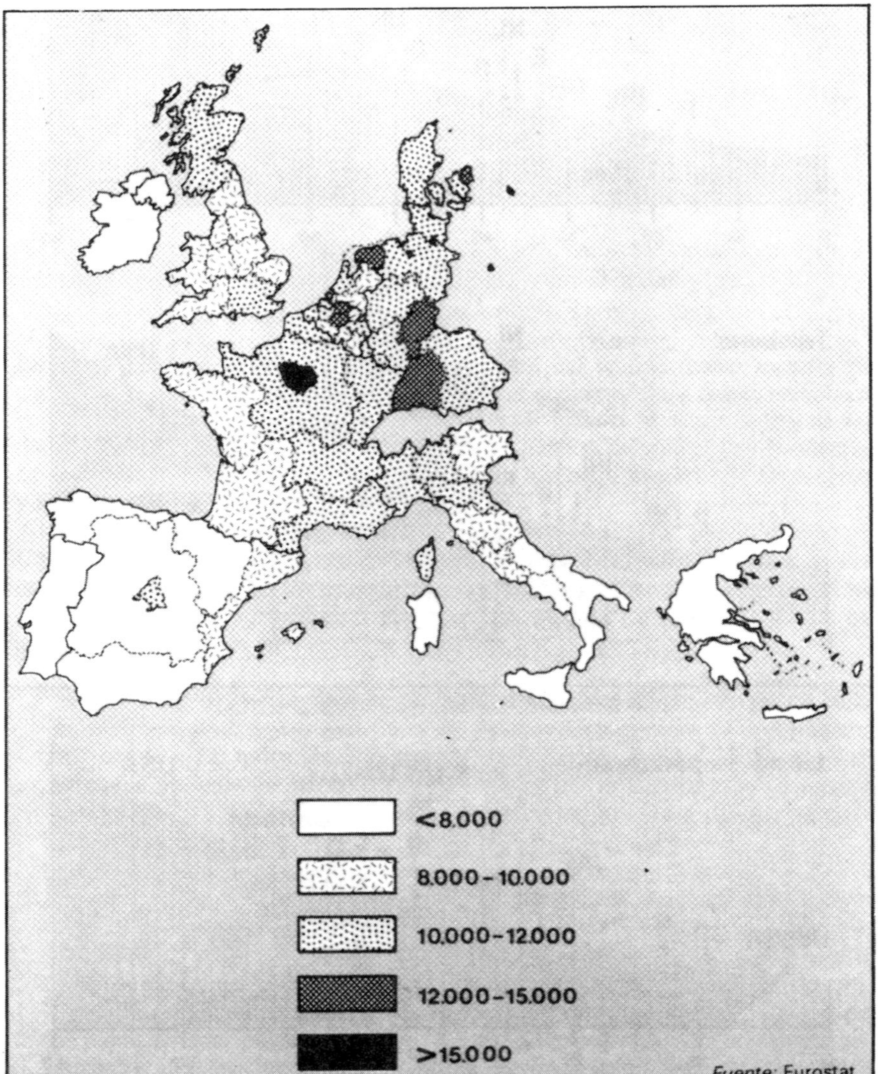

FUENTE: Documentos de la comisión de las CE n.º 5-6/1986.

Figura 5.2 Nivel de vida en la Comunidad. (Producto interior bruto por habitante en las regiones de la Comunidad [en *standards* de poder adquisitivo, 1983].)

FEDER. La dualidad de administraciones y la complejidad del sistema español de incentivos regionales han dificultado en algunas ocasiones esa programación, perdiéndose oportunidades de recibir ayudas comunitarias.

Por otro lado, no siempre resultan compatibles las políticas comunitarias con las nacionales. El llamado «índice sintético de intensidad relativa de la problemática regional europea», al considerar para su elaboración la tasa de desempleo, coloca a todas las regiones españolas, incluso las más desarrolladas, en posición muy retrasada en el conjunto europeo y, por tanto, susceptibles de recibir ayudas. Desde una perspectiva española, el Fondo de Compensación Interterritorial ha de partir de otros presupuestos y considerar otro tipo de variables que subrayen mejor las diferencias estructurales entre las regiones españolas.

Así se explica que, hasta la fecha, la política comunitaria de desarrollo regional haya conseguido muy pobres resultados y amortiguado muy tímidamente las diferencias iniciales. Incluso en ocasiones no se ha dirigido a las regiones más pobres y atrasadas, ni tampoco a paliar las diferencias entre el norte y el sur de Europa. Si bien Italia ha recibido más de un tercio de los fondos del FEDER desde su creación en 1975, Grecia sólo se ha beneficiado en un 10%, por su más tardía integración, y las regiones meridionales de Francia apenas llegan al 14%. Frente a ello los restantes países septentrionales, en los que se incluye Irlanda pero también la República Federal Alemana, se han beneficiado con casi un 40% de esos fondos destinados, en principio, a hacer desaparecer los desequilibrios regionales.

Existen otros fondos estructurales que pudiendo dirigirse a paliar las diferencias mencionadas, no lo hacen o lo hacen sólo en parte. El caso más significativo es el del FEOGA, cuyo objetivo fundamental no son los desequilibrios, regionales, sino la PAC, pero que incide necesariamente en aquéllos, y de forma significativa, por el elevado porcentaje del presupuesto comunitario que supone. Como ya vimos, la PAC ha estado, hasta el presente, mediatizada por las producciones continentales de los países septentrionales, por lo que el montante medio de las intervenciones del fondo por agricultor beneficia en la práctica a los países más ricos.

CUADRO 5.3

Montante medio de intervenciones del FEOGA-Garantía por agricultor (Francia = 100)

Italia	45	Irlanda	166
Reino Unido	118	Dinamarca	243
República Federal Alemana	122	Países Bajos	404
Luxemburgo	132	Bélgica	531

5.3. Las regiones españolas en la CEE

En consecuencia, el impacto de la adhesión de España a la CEE es distinto según la estructura económica de cada región. A rasgos generales podríamos distinguir cuatro grandes conjuntos regionales con diferentes perspectivas ante el ingreso europeo.

Las regiones de la cornisa cantábrica, desde el País Vasco a Galicia, presentan un panorama poco optimista debido a la fuerte competencia que van a sufrir sus productos ganaderos, de tanto arraigo en esta zona, y a la madurez de su industria, donde ésta exista. En toda esta área, y muy significativamente en Galicia, es muy acusado en contraste entre el interior y el litoral; mientras en este último hay algunos sectores que pueden ser incentivados por la integración, como la industria conservera, la pesca, la acuicultura, en el interior ocurre todo lo contrario y las ayudas comunitarias al desarrollo regional son imprescindibles. La integración europea puede ser también la gran ocasión para la definitiva modernización del País Vasco. Región con hondas raíces culturales y fuerte personalidad, su PDR pretende, por ello, mejorar y dinamizar el aparato productivo, racionalizar la explotación de los recursos naturales, facilitar la accesibilidad de la economía vasca a España y a Europa, elevando, en definitiva, el nivel y la calidad de vida. Es decir, todo un programa de modernización económica cuyos principales problemas son la conflictividad política, la madurez del sector industrial y la escasa competitividad de la ganadería ante las importaciones europeas.

A todo ello se une, en el caso de Cantabria, el retraso en la aprobación del PDR y las contradicciones que se han manifestado en su aplicación. Por otro lado, todavía es una incógnita la capacidad de modernización e incentivación que las ayudas comunitarias, sobre todo las del FEOGA-Orientación, podrán ejercer sobre las estructuras ganaderas cántabras.

Las regiones interiores de la Península presentan una problemática diferente. Por lo general son áreas deprimidas que han perdido grandes contingentes de población en los últimos años, con claro predominio económico de un sector escasamente productivo y, por ello, poco competitivo. Así, Castilla-León, una de las mayores regiones de la CEE, es también una de las menos desarrolladas. Por ello su PDR insiste sobre todo en la reestructuración del sector agrario, reordenando cultivos, mejorando estructuras e intensificando la formación y capacitación agraria. Objetivos que no serían posible, al menos en la forma programada, si no se contara con las ayudas del FEOGA, del FEDER y del FSE desde que se produjo la adhesión. Al igual que ocurre en Extremadura y Aragón, la reconversión del sector agrario castellano será especialmente dura en algunos aspectos, reducción de trigos blandos, pocas perspectivas para la remolacha, etc. Habrá que mejorar la producción de forrajes y potenciar los vinos de calidad, terreno en el que la Mancha puede tener buenas perspectivas. También, en general, para la ganadería ovina, dada la calidad y demanda del cordero castellano en la CEE.

Mención aparte merece Andalucía, una de las regiones españolas de más acusada problemática socioeconómica a pesar de sus buenas posibilidad y recursos. En este caso la autonomía regional y la integración europea se superponen en un solo objetivo: la superación del subdesarrollo regional. La incorporación a la CEE abre amplias posibilidades a la agricultura andaluza, aunque es necesario adaptar estructuras y potenciar la competitividad de los sectores más dinámicos. En el primer caso las diferencias son notables, por lo que el acceso a los fondos estructurales comunitarios es un tema fundamental que no siempre se está sabiendo aprovechar. Respecto a las producciones agrarias de mayor competitividad, algunos como los cultivos subtropicales, sin posible parangón en la CEE, se ven sometidos, de momento, a las limitaciones del régimen de transición específico para frutas y verduras establecido en el Tratado de Adhesión. Peor es la situación para otros cultivos «continentales», como el trigo o la remolacha, de gran importancia en la región. Asimismo, también resulta problemático el futuro del aceite de oliva, cuyo consumo, no obstante, sigue de momento protegido. Distinto es el problema del vino de Jerez, tradicional producto de exportación del campo andaluz, que ve dificultada su capacidad de penetración en Europa al no haberse logrado la total exclusividad de su denominación de origen.

En el terreno industrial, la integración puede suponer un acicate para la renovación y promoción de algunos sectores tradicionales y agroindustriales, con buenas posibilidades en la región, de momento poco aprovechadas. Resulta un ejemplo bien significativo la política de promoción comercial de la Junta de Andalucía a través de los llamados Planes Integrados de Acción Comercial (PIAC), que están teniendo buenos resultados dentro de los planes generales de ordenación de la economía andaluza que de cara a la CEE se concretan en el Plan Andaluz de Desarrollo Económico (PADE) 1987-1990. Por último, también para la pesca andaluza la integración puede resultar beneficiosa en cuanto puede despejar muchas de las incógnitas respecto a la utilización de caladeros de países terceros.

La Comunidad Valenciana, por último, constituye un ejemplo bien representativo del impacto que la adhesión ha de ocasionar en las regiones mediterráneas. En Valencia, al igual que en Cataluña o en Murcia, existe una larga tradición de relaciones con Europa, que no se verá plenamente realizada hasta el final del periodo transitorio. Autonomía regional e integración comunitaria son jalones de un largo objetivo de modernización, no sólo de las estructuras económico-sociales, sino también de actitudes intelectuales respecto a Europa y lo europeo. Por eso, el I Programa Económico Valenciano (1984-87) establece como objetivo prioritario modernizar la

CUADRO 5.4

*Ayudas del FEDER a las regiones españolas en 1986**

Comunidad Autónoma	Sector	Asignación mill. de ptas.
Galicia	Industria	330.000
	Infraestructura	4.319.000
Castilla-León	Industria	160.000
	Infraestructura	17.753.000
Castilla-La Mancha	Industria	190.000
	Infraestructura	5.910.000
Extremadura	Industria	90.000
	Infraestructura	9.266.000
Andalucía	Industria	600.000
	Infraestructura	29.723.000
TOTAL		98.064.000

* Lo que corresponde a más de 500 proyectos aprobados y supone unos 500 puestos de trabajo industriales nuevos.

FUENTE: *Comunidad Europea,* núms. 227 y 228.

economía valenciana adaptándola a la de la CEE. Para ello actúa tanto sobre aspectos sectoriales en general, agricultura, industria, servicios, turismo, comunicaciones, etc., como interviniendo selectivamente sobre aspectos concretos de especial incidencia sobre todo el sistema, como el paro, la productividad, la asistencia social, etc. Sin negar la importancia de todas estas medidas, que evidencian una planificación esencialmente indicativa, está claro que el futuro de las regiones mediterráneas en general y de la Comunidad Valenciana en particular, depende más de la agresividad y competitividad de los propios sectores afectados que de las medidas que al respecto puedan adoptar las administraciones públicas. Las expectativas de desarrollo de la costa mediterránea, en relación con los otros países comunitarios ribereños, Francia e Italia principalmente, las potencialidades endógenas para ese desarrollo, artesanía, turismo, agricultura de exportación, etc., o los incentivos exteriores, inversiones extranjeras, implantación de multinacionales, etc., son los factores básicos que condicionan el futuro comunitario de toda esta área. En este sentido, un ejemplo bien representativo es la existencia de una densa red comercial, ya sólidamente instalada, en los países comunitarios desde mucho antes de la fundación de la CEE. Sería también deseable que se hicieran extensivos a España los beneficios de los Programas Integrados Mediterráneos, algunos de los cuales pueden tener especial repercusión en estas regiones.

5.4. Canarias, Ceuta y Melilla. Una integración excepcional

En definitiva, este conjunto de medidas, que constituyen una política de desarrollo interno de la Comunidad, son acogidas en las distintas regiones españolas con diferentes grados de esperanza, pues no hay que olvidar que son complementarias de los mecanismos de unión aduanera y políticas comunes que son los que generarán el mayor impacto. Pero hay tres casos particulares: Canarias, Ceuta y Melilla que, por conservar su régimen económico y fiscal específico, han quedado al margen de dichos mecanismos.

En el caso de las dos ciudades nordafricanas, el acuerdo alcanzado en el Tratado de Adhesión supone la incorporación de pleno derecho a la CEE, con una serie de excepciones que permiten mantener las franquicias económicas y fiscales preexistentes. Respecto al archipiélago canario, el problema es mucho más complejo debido a varios factores. En primer lugar, la mayor capacidad económica de la comunidad canaria, respecto a Ceuta y Melilla, que requiere otros instrumentos de integración, sobre todo teniendo en cuenta la dualidad del sistema productivo del archipiélago y la existencia de un sector muy activo ligado a la exportación. El Régimen Económico y Fiscal (REF) es un instrumento esencial para la estabilidad y funcionamiento del sector comercial y de servicios del que dependen gran parte de la prosperidad canaria, por lo que incluso ha llegado a convertirse en un elemento básico de la configuración de la propia identidad (MANSITO, 1986, p. 425). Su desaparición podría suponer incluso problemas de índole sociopolítica. Además, la paralela implantación del IVA, en cuanto no sería un sustitutivo de la imposición en cascada, supondría un alza de precios que anularía las ventajas comerciales hasta ahora existentes.

Resulta, pues, evidente que una integración en la CEE como la seguida en la Península y Baleares, no era aplicable al caso canario por los perjuicios que ocasionaría a su economía. Pero tampoco era factible el excluir el territorio insular de la integración, lo que supondría considerar a sus producciones agrícolas, plátanos y tomates principalmente, como procedentes de un país tercero a las que se aplicarían el arancel exterior común incluso a lo exportado a la Península. Al fin se alcanzó un acuerdo, satisfactorio para las partes contratantes, que fue rechazado por el Parlamento canario, por el cual las islas se integran, como el resto del país, en la CEE con todos los beneficios y ayudas que ello supone, pero al igual que Ceuta y Melilla quedan excluidas de la unión aduanera, de las políticas comunes agrícola y pesquera y de la obligatoriedad de implantación del IVA. Ello permite mantener, a rasgos generales, el mismo modelo económico existente, protegiendo la industria interior destinada al propio archipiélago, y fomentando la exportación con la reserva peninsular a la producción platanera.

Estos términos, excpcionales en la tradición comunitaria muy poco proclive a hacer concesiones a los candidatos a la adhesión sin casi contrapartidas, ha estado determinado por las excepcionales condiciones del caso canario, su lejanía y excentricidad respecto al continente, su alto valor geoestratégico, etc., lo que, aunque no se confiese, ha debido influir en la decisión política para no desestabilizar un área con estas características y contribuir a su desarrollo y progreso.

Desde el punto de vista comunitario el acuerdo con Canarias tiene otra peculiaridad notable, su carácter flexible y evolutivo, por lo que para su modificación no se necesita revisar todo el instrumento de la adhesión, basta con un acuerdo del Consejo de Ministros. El tiempo y las circunstancias irán marcando, pues, el grado de integración real de la economía canaria en la del resto de Europa. La Comunidad, de esta forma, ensaya otro grado de integración de un territorio particular en una organización que geográficamente es cada vez más compleja.

6. España en la Europa de los Ciudadanos

La llamada Europa de los Ciudadanos constituye un tercer objetivo en el proceso de integración económica continental, de momento sólo un tímido proyecto. Si el primero fue la libre circulación y la unidad de mercado, y el segundo los fondos estructurales para ayuda al desarrollo, el tercero pretende acercar los logros y los fines de la integración comunitaria a la vida cotidiana de los ciudadanos europeos. Se tiene el convencimiento que Europa sólo será tal si es sentida como algo útil, práctico e incluso íntimo por los habitantes de este continente. Responde este sentir a la idea, que cada vez cobra más fuerza, que Europa no sólo es un mercado, sino también una actitud colectiva que define su personalidad en el concierto mundial. «Nadie se enamora de un mercado», afirmó en expresiva frase el propio presidente Delors, refiriéndose a la necesidad de buscar otro marco a las aspiraciones europeas de cara al año 2000. Es ese «vivir a la europea», lema que sintetiza los objetivos comunitarios en la hora de la Tercera Revolución Industrial.

Estas con las razones que decidieron al Consejo Europeo de junio de 1984 a construir una comisión formada por representantes de los Jefes de Estado, de Gobierno y del Presidente de la Comisión, para estudiar el tema y sugerir medidas a fin de reforzar y definir la imagen que de la Comunidad tienen los ciudadanos y fomentar así la adquisición de una identidad común y no tan sólo de intereses. Es lo que en otra época y con otra perspectiva hubiéramos definido como un «patriotismo europeo», y que hoy día se califica como «ciudadanía europea» que, sin anularlas ni reemplazarlas, se superpone sobre las nacionales, con sus señas de identidad propias, la bandera, el himno, el pasaporte, y sus derechos e instancias para su defensa.

Esta comisión, presidida por el comisario Adonnino, elaboró un informe que fue aprobado por el Consejo Europeo de junio de 1985 y constituye, desde entonces, la fuente de inspiración de la política comunitaria en estos temas. Las principales propuestas de este informe, conocido por el nombre del presidente de la comisión que lo elaboró, se resumen en una serie de medidas de urgencia para potenciar la imagen que los ciudadanos tienen de su Comunidad; medidas que, a largo plazo, pretenden el reforzamiento de la solidaridad y de la supranacionalidad europea.

Entre estas medidas pueden citarse la mejora del derecho de libre establecimiento y de circulación de personas, una mayor similitud de las legislaciones sobre derechos y deberes ciudadanos, respetando las particularidades nacionales, especial atención a jóvenes, a los parados, a la tercera edad y a las mujeres trabajadoras, como colectivos más necesitados de la atención comunitaria; y, por último, varias iniciativas en materia de protección ambiental, desarrollo cultural, calidad de vida, televisión europea, deportes, actividades recreativas y la utilización de signos y símbolos comunes.

Muchos de estos objetivos están recogidos en el Acta Unica Europea, aprobada a finales del mismo 1985, que en su mayor parte no entrará en vigor hasta 1992. Para entonces habrán debido emprenderse una serie de reformas destinadas a configurar una nueva CEE. Algunas de éstas fueron resumidas por Jaques Delors ante el Parlamento europeo a principios de 1987: reforma de la PAC, reforma de los fondos estructurales, y reforma del presupuesto comunitario.

Los objetivos de este programa y, en general, los de la Europa de los Ciudadanos han de coincidir necesariamente con los de un país, como España, que había cifrado en los mismos sus esperanzas de modernización. Una encuesta de finales de 1985 mostraba cómo casi el 80% de los españoles estaban interesados en el ingreso de España en la CEE aunque la mayoría intuía la existencia de serios problemas que esperaban irían solucionándose. Este porcentaje había ido creciendo desde 1981, en relación con la marcha de las negociaciones y con las noticias que llegaban a la opinión pública española. En esas mismas fechas sólo un 59% de los europeos estaban en favor de los esfuerzos por lograr la ampliación de la CEE y sólo un 52% eran favorables a la adhesión de España y Portugal. Es decir, el interés por la Comunidad eran mayor en los candidatos que en los ciudadanos de estados miembros, pues en este terreno no hay obstáculos económicos ni políticos que se opongan a la integración española. Por su cultura y su pasado, España puede desempeñar un papel fundamental en la definición de esa identidad comunitaria.

Este hecho lleva también implícito otro reto para nuestro país, el de la modernización de la sociedad española. Ser ciudadano de Europa no supone un cambio de la personalidad nacional, pero sí de la actitud y de ciertos comportamientos colectivos, tantas veces denunciados a lo largo de nuestra historia. Durante el periodo transitorio se tendrán que ir adoptando muchas prácticas y medidas sociales propias de la época y del conjunto de países en los que queremos integrarnos. Estas pueden resumirse en cuatro aspectos principales.

6.1. La política social europea

La CEE, nacida bajo una concepción liberal y nada intervencionista de la vida económica, careció en sus primeras etapas de una auténtica política social, a pesar que la mejora del nivel de vida y de las condiciones laborales de los europeos fue un objetivo específicamente recogido en el Tratado de Roma. El desarrollo económico de los sesenta, la expansión comercial y el constante aumento de la actividad y del empleo hizo posible mejorar las relaciones sociales de forma espontánea, con pocas intervenciones de los estados miembros y casi ninguna de la Comunidad, siempre a remolque de los acontecimientos, evitando provocar recelos nacionales o de los agentes sociales.

La crisis económica y la incorporación de países de inferior renta, el aumento del paro, el envejecimiento demográfico, etc., dio al traste con los planteamientos iniciales, y obligó a la Comunidad a intervenir en el terreno social. En la actualidad la CEE cuenta con una variada gama de medidas de política social que irán siendo asumidas por España en los primeros años del período transitorio. En general esta política social europea puede resumirse en dos aspectos básicos: unos objetivos y prioridades que abordar, y los correspondientes mecanismos de acción e intervención en el terreno social.

Los principales objetivos pueden, a su vez, agruparse en dos conjuntos: protección a los más desfavorecidos y mejora de las condiciones laborales. En Europa, la estructura socioeconómica y las consecuencias de la crisis, han determinado un aumento general de la pobreza incompatible, al menos en teoría, con los objetivos de los tratados fundacionales, o con los mismos principios de una colectividad socialmente avanzada. Los casi 30 millones de parados, bastantes de larga duración, la situación cada vez más problemática en la que se encuentran tanto los jóvenes, en busca de su primer empleo, como los viejos, con un sistema de jubilación insuficiente, emigrantes, minusválidos, etc., constituyen una creciente población de desfavorecidos —la otra cara de la opulenta sociedad europea—, que obliga a la Comunidad a desarrollar y coordinar distintas medidas de protección. Los principales colectivos de desfavorecidos a los que se dedica una atención prioritaria se agrupan en cuatro conjuntos:

1. Los que tienen esa condición como consecuencia, directa o indirecta, de la crisis económica. La Comunidad busca paliar, en primer término, los efectos negativos de las medidas de reconversión o lucha contra la inflación recomendadas por ella misma. En este grupo podemos incluir también las «nuevas formas de pobreza» nacidas de la crisis y de la ruptura de las condiciones de vida hasta ahora existentes que determinan situaciones de precariedad, subproletariado y,

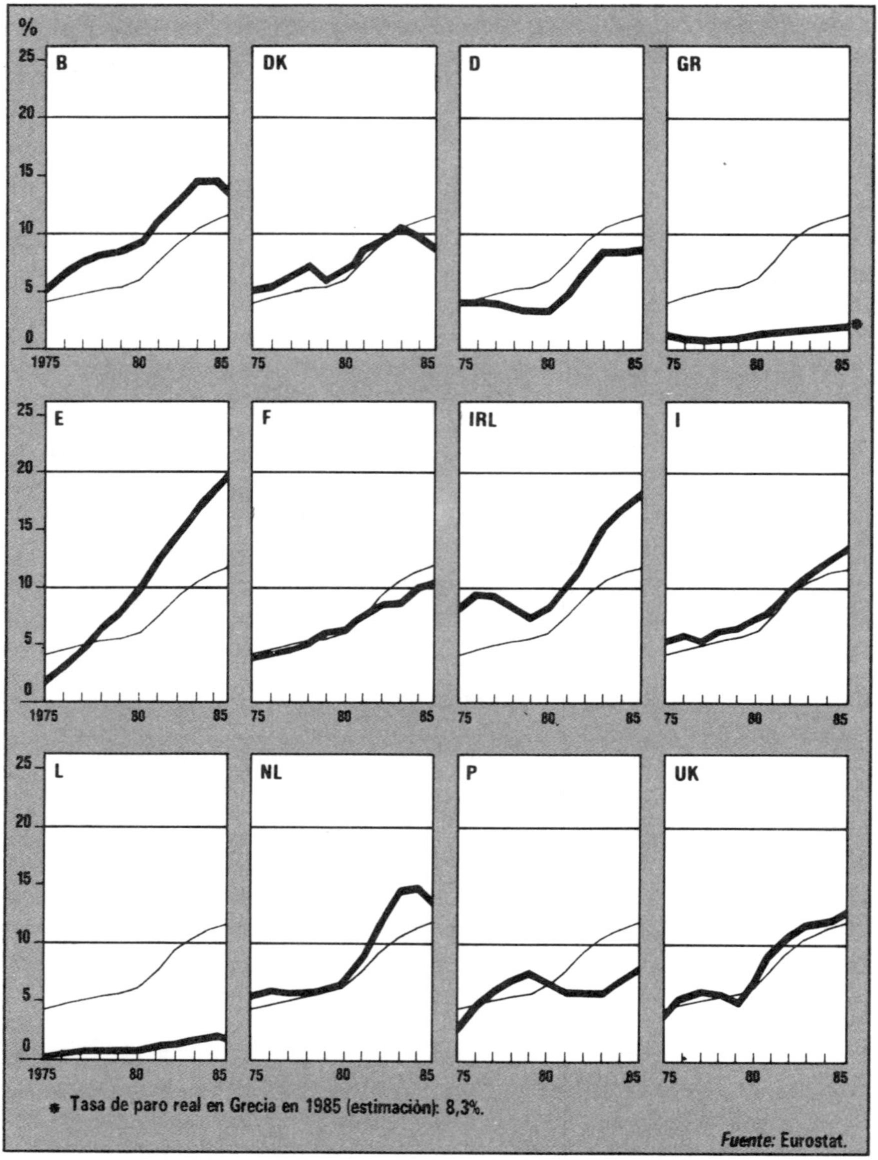

—— Media CE.
▬▬ País correspondiente.

Figura 6.1 Evolución del paro en los países de la Comunidad Europea. (Parados registrados, en %, de la población activa civil.)

FUENTE: Documentos de la comisión de las CE n.º 7/1986.

finalmente, miseria que afectan a personas, tras haber sufrido algún contratiempo (enfermedad, quiebra, etc.) imposible de remontar por las malas condiciones generales.

2. En segundo lugar se pueden incluir aquellos otros colectivos para los que la edad, el sexo, el estado o la salud supone un *handicap* social o laboral. Es el caso de los jóvenes, sin empleo ni perspectivas, de los ancianos, de las mujeres trabajadoras, de los minusválidos, de las familias monoparentales, madres o padres solos carentes de recursos, etc.
3. El tercer caso es el de los emigrantes, elemento esencial en el desarrollo económico de los países europeos en los años sesenta y primeros afectados por la crisis, también es el de los refugiados, el de los retornados a los países de origen en malas condiciones y, en general, el de los marginados sociales, gitanos, mendigos, vagabundos, etcétera.
4. Por último, la Comunidad dedica también una especial atención a aquellas áreas geográficas que se han visto especialmente perjudicadas por la crisis o por las políticas de reconversión. En este caso se trata de espacios concretos y no de colectivos personales. Son las llamadas, en terminología comunitaria, «regiones urbanas desfavorecidas» y «regiones rurales empobrecidas». Las ayudas sociales de la CEE se superponen y complementan con las procedentes de otros fondos estructurales.

Fácilmente se comprende el impacto que sobre la sociedad española puede tener este repertorio de prioridades. España es el primer país comunitario por su tasa de desempleo, en su mayoría jóvenes que no han conseguido nunca su primer trabajo. La crisis de la Seguridad Social y la congelación de pensiones y jubilaciones acrecienta los problemas de la tercera edad de cualquier otro país europeo. También es comparativamente más dura la situación de la mujer trabajadora, de los minusválidos, o de las minorías marginadas como «quinquis» y «gitanos», sin olvidar la problemática específica de los trabajadores españoles en países de la CEE unos de los colectivos de emigrantes más numerosos en la Comunidad.

Es en relación con estos emigrantes con los que se ha producido los mayores avances con nuestro ingreso. En el Acta de Adhesión se garantiza a los trabajadores españoles establecidos en la CEE con anterioridad a la firma del acuerdo, el mismo trato que los nacionales respectivos. Los nuevos emigrantes que pretendan trasladarse después del ingreso, necesitarán una autorización especial hasta 1992 (1995, en el caso de Luxemburgo), fecha en que se alcanzará la libre circulación de mano de obra. El mismo criterio se aplica a los miembros de la familia del trabajador, a no ser que estuvieran residiendo ya en un país de la CEE. Otra importante novedad es que, a partir de la adhesión, es el país de residencia, y no el español como

CUADRO 6.1

Primera aportación del FSE a las Comunidades Españolas

Comunidad	Millones de ptas.
Extremadura	803
Andalucía	404
Castilla-León	1.571
Murcia	120
Galicia	493
Cataluña	1.149
País Vasco	1.403
Navarra	179
Valencia	366

FUENTE: *Comunidad Europea*, núm. 226.

hasta entonces, quien se responsabiliza de los derechos y de las prestaciones del emigrante. De momento la cuantía de éstas son las del país de origen, aunque la tendencia es ir hacia una mayor homogeneidad en las mismas en toda la Comunidad. También pueden citarse las restantes ventajas derivadas del ingreso en sí, como facilidades fronterizas y aduaneras, pasaporte común, traslado en vacaciones, más ágil envío del salario, etcétera.

La política social europea tiene un segundo frente en la mejora de las condiciones laborales. Este es el objetivo de las numerosas directivas de la Comisión y del Consejo de Ministros sobre higiene y seguridad en el trabajo, reducción de horario, periodo de vacaciones, derechos sindicales y salariales, formación profesional y reciclaje laboral, etc. Especialmente, se precisan los derechos del trabajador en su empresa y sus medios de defensa ante la quiebra o el despido.

Todos estos aspectos tendrán también un importante impacto sobre las relaciones sociolaborales en España, tanto por la adaptación de la legislación española a las normas comunitarias de obligado cumplimiento, como por la aproximación a las recomendaciones y al espíritu comunitario en unos momentos de extraordinaria confusión sobre estos temas.

Los objetivos de la política social de la Comunidad se realizan mediante una serie de actuaciones e instrumentos especiales, a los que nuestro país se ha adherido desde la fecha de su ingreso. El más importante es el Fondo Social Europeo (FSE), y también el más antiguo, pues su constitución estaba prevista en el mismo Tratado de Roma. Por las razones antes vistas la primera etapa del fondo fue muy poco efectiva, por lo que tuvo que ser revisado, por primera vez, en 1971. Desde entonces los casos de intervención se multiplicaron, se fijaron las prioridades aludidas y se estableció una gestión más flexible. En 1984, una nueva revisión del fondo lo adaptó a las nuevas circunstancias de una Comunidad ampliada.

Además del Fondo Social Europeo, la Comunidad dispone de otros instrumentos para llevar adelante su política social. Tal es el caso del SEDOC, Sistema Europeo de Difusión de Ofertas de Trabajo, creado por la Comisión en 1972, en la actualidad poco operativo por la contracción del mercado de trabajo, supone no obstante un buen mecanismo para facilitar la libre circulación de mano de obra. En el terreno de la formación profesional, fundamental para facilitar el empleo juvenil, se cuenta desde 1977 con el CEDEFOP, Centro Europeo para el Desarrollo de la Formación Profesional, con sede en Berlín, que coordina distintos programas de formación alternada, reciclaje, formación en nuevas tecnologías, etc., que capaciten a los jóvenes para enfrentarse a las diversas ofertas laborales.

6.2. Libre competencia y protección del consumidor

Otra serie de medidas comunitarias van dirigidas a lograr una mayor satisfacción de las necesidades de los ciudadanos de Europa, asegurando su abastecimiento, facilitando el consumo y asegurando la más amplia oferta de productos. Estas dos políticas europeas, libre competencia y consumo, se complementan. La primera es, ante todo, un instrumento comercial en favor de la transparencia y buen funcionamiento del mercado común, pero de su correcta aplicación se derivan indudables beneficios para el consumidor, para el ciudadano europeo en definitiva, que está así mejor protegido frente a las prácticas incorrectas de las empresas y del propio Estado.

Esta política comunitaria de libre competencia tiene tres objetivos fundamentales: impedir acuerdos monopolísticos entre empresas, dificultar la excesiva concentración del poder financiero, industrial o económico en general, y prohibir las ayudas públicas a determinadas empresas o sectores, incompatibles con el principio de libertad de mercado. Con ello, no sólo se consigue una mayor garantía en el funcionamiento del sistema económico, sino una mejor y más variada capacidad de oferta, evitando forzar o manipular el consumo en un sentido determinado.

La legislación comunitaria sobre competencia se aplica en España desde el mismo día del ingreso, pero se admite la paulatina desaparición de ayudas oficiales a los sectores con problemas a lo largo del periodo transitorio. También durante éste se irá adaptando la legislación sobre monopolios, lo que supondrá la total desaparición de los dos monopolios estatales, tabaco y petróleo, antes de 1992. De momento tanto Tabacalera como Campsa se han adaptado a las próximas exigencias comunitarias, diversificando su organización empresarial y ampliando su capacidad de oferta.

Las medidas para garantizar la libre competencia y la persecución de las prácticas fraudulentas son sólo una parte del sistema de protección comunitario al consumidor. Junto a ellas hay otros mecanismos que pretenden informar y educar a los propios consumidores y exigir determinados niveles de calidad y seguridad a los productos a fin de evitar riesgos a la economía o a la salud de los ciudadanos.

La preocupación comunitaria por el consumo es consecuencia de la creciente necesidad de mejorar la calidad de vida de los europeos, y no sólo de elevar su nivel. En 1983 se organizaron las primeras reuniones del Consejo de Ministros exclusivamente dedicadas al estudio de estos problemas. Sin embargo, los resultados en este terreno no han sido todo lo satisfactorios que se esperaba porque la crisis económica y la variedad de legislaciones nacionales ha hecho difícil la adopción de objetivos comunes. La crisis ha incidido negativamente elevando los costos de los productos fabricados según esas normas de calidad y provocando el rechazo de las empresas. La diversidad de disposiciones nacionales ha sido, en ocasiones, un arma indirecta para dificultar la competencia de productos de otro estado comunitario, amparándose en medidas de calidad o salubridad aplicadas con diferente celo.

Por eso, la existencia de una política comunitaria de regulación del consumo y de información y protección al consumidor es cada vez más necesaria, aunque sea más costosa para las empresas. Estas deben comprender que es un requisito imprescindible de competitividad en un mercado que se preocupa cada vez más por la relación calidad/precio. Del mismo modo, la existencia de normativas nacionales muy diferentes es un hecho incompatible con la unicidad del mercado comunitario, como puso de manifiesto una sentencia del Tribunal de Justicia de la CEE *(casis de Dijon),* estableciendo que todo producto legalmente fabricado y comercializado en un país comunitario debía ser admitido en los mercados de los restantes países miembros.

Sobre esta base se ha organizado la política comunitaria sobre el consumo, que tiene tres objetivos fundamentales:

Armonización de legislaciones sobre normas de calidad y fabricación. Desde 1984 cualquier normativa nacional debe ser notificada a los restantes miembros a través de la Comisión, para evitar cualquier obstáculo a los intercambios. Este es uno de los terrenos en el que el Acta Unica establece que las disposiciones sean aprobadas por simple mayoría cualificada, y no por unanimidad como hasta la fecha. Además, se crean organismos europeos de normalización según diferentes tipos de productos para determinar las características y calidades pormenorizadas de los mismos.

El segundo objetivo de la Comunidad es la protección de la salud y de la economía del consumidor. Existe ya un acervo importante con numerosas directivas sobre productos alimenticios, cosméticos, farmacéuticos, textiles, automóviles, etc. Son importantes los criterios sobre aditivos en los alimentos, sobre la clasificación de materias peligrosas y sobre la fiabilidad de determinados servicios y productos.

Este tipo de disposiciones son las que tienen una mayor repercusión sobre los ciudadanos, debido a los numerosos fraudes, accidentes y peligros que diariamente afectan al consumidor. En España, de forma significativa, la inexistencia de una auténtica política de protección al consumo ha sido responsable de numerosos casos, algunos de ellos, como el llamado «síndrome tóxico», especialmente dramáticos. Por eso la adopción de esta normativa en nuestro país debe tener una indudable efecto beneficioso. Es más, su simple anuncio y el ambiente creado al respecto ha sido ya positivo. El ejemplo son las numerosas asociaciones de consumidores que se van formando, o la misma aprobación en 1984 de la Ley de Consumidores y Usuarios, en previsión de nuestra incorporación a la CEE.

Tan importante como ello son los esfuerzos comunitarios por informar y educar al consumidor. Son varias las directivas que tienen por objetivo la normalización del etiquetado especificando con claridad las características del producto, fecha de caducidad, procedencia, precauciones o cualquier otro aspecto de interés. También se ha previsto un sistema de alerta rápida para prevenir a la Comisión y a los restantes miembros de cualquier problema o accidente en un bien de consumo. Respecto a la educación de los consumidores, la Comisión ha previsto varias medidas incluyendo los problemas del consumo en los planes de enseñanza de los países miembros. Del mismo se intenta normalizar la publicidad evitando informaciones engañosas y, sobre todo, que el consumidor conozca con claridad todas las ofertas y pueda acceder a ellas fácilmente.

6.3. Educación e investigación. Cultura, salud y deporte

En estos aspectos las ventajas que para España supone su integración en la CEE son indudables. La pertenencia a este colectivo de naciones, cuna de la civilización occidental, por lo general mucho más avanzadas científicamente que nuestro país, la concurrencia de esfuerzos en un campo, como el de la ciencia y la cultura, que hace tiempo superó los estrechos límites de las naciones europeas y, sobre todo, la posibilidad de fundir la educación y el futuro de los jóvenes españoles con el de los restantes europeos, son el mejor camino para superar el viejo trauma del aislamiento. Si a corto plazo España se ve forzada a afrontar el reto de la integración económica, a medio y largo plazo es el horizonte social, cultural y científico el principal objetivo de este país.

Por lo que respecta al sistema educativo, los países europeos, dado su nivel socioeconómico, tienen unas aceptables condiciones y cuentan con una larga experiencia en el terreno de la enseñanza. A pesar de ello es necesario adaptar algunos presupuestos a las exigencias comunitarias. La Comunidad propicia el intercambio, tanto de personas, estudiantes y profesores, como de ideas en lo que respecta al conocimiento de la Geografía, la Historia y la Cultura de los restantes miembros y su contribución al patrimonio común. Como se ha afirmado en numerosas ocasiones, todo joven europeo debe contar con la posibilidad de aprender un idioma comunitario, además del propio, durante su periodo de escolaridad, aspiración que en nuestro país, está aún lejos de ser una realidad.

El reconocimiento de las titulaciones académicas en otros países distintos de quien las otorga, es otro tema clave. Requisito inevitable para la libre circulación tiene que afrontar numerosas dificultades para su realización. La casuística es tan variada y de tal complejidad que es muy difícil promulgar disposiciones generales siendo preciso analizar los casos por separado. Todo lo más se han establecido reconocimientos profesionales, pero casi nunca académicos, debiendo recurrirse a las convalidaciones de los centros educativos correspondientes. La Comisión promueve la difusión de información sobre el reconocimiento de los títulos universitarios en los países comunitarios.

Este es uno de los objetivos del proyecto ERASMUS, concebido para facilitar y promover los intercambios entre estudiantes y profesores de los países comunitarios; entre cuyos objetivos figura también la citada información sobre reconocimientos de títulos. A finales de 1987, realizada ya la primera entrega de los fondos de este programa, se habían aprobado 608 proyectos, en 93 de los cuales aparecía implicada alguna universidad española. España figura como cuarto beneficiario de esos fondos, con poco más de 350.000 ECUs de subvención.

Especial interés para nuestro país tiene también el proyecto COMMET, que posibilita y subvenciona las primeras prácticas de los recién licenciados de cualquier país comunitario en empresas de los restantes. En la actualidad España cuenta, en dicho programa, con más de veinte proyectos aprobados y una subvención próxima a los 600.000 ECUs, que amplían las perspectivas de los futuros técnicos superiores españoles. Por último, es también obligada la referencia al progreso YES de intercambio juvenil.

En el terreno de la investigación científica, la integración en los órganos y programas europeos ha de ser necesariamente muy favorable para España. En la Comunidad no se puede hablar de auténtica política de promoción científica hasta 1974. En los tratados funcionales no hay más que ambiguas referencias al tema. En un Consejo de Ministros celebrado ese año se decide iniciar investigaciones en común en los campos cubiertos por los tratados. Es, pues, el impacto de la crisis y la rápida pérdida de competitividad de las empresas europeas, quien determinó esta nueva dimensión comunitaria. En 1978 se aprobó el programa FAST (Previsión y evaluación en el ámbito de la ciencia y la tecnología), cuyo objetivo es definir las prioridades a largo plazo en investigación y desarrollo y sus impactos económicos y sociales. Sus primeros resultados evidenciaron ya cómo la atomización de esfuerzos y la competencia entre empresas europeas, que recurrían para ello a la importación de tecnología americana y japonesa, habían conducido a la dependencia y a la crisis de la industria y de la tecnología europea.

CUADRO 6.2

Proyectos españoles en el programa EUREKA
(millones de ptas.)

Proyecto	Empresa	Presupuesto total	Participación española
Kit de Diagnóstico	Biokit	350	248,50
Eurocim	Inisel	4.000	800
Robot	CASA	13.000	2.210
Diane	Sener	1.900	190
Curtición	Hispano-Química	312,50	256,25
Galeno 2.000	IDS	7.365	2.946
Software Factory	Sofemasa	47.700	2.622
Semillas Girasol	Cóndor	510	459
Europolis	IDS	17.508	7.003
Oxodipina	IQB	770	174
Ingeniería	Serelland	2.000	434
Base de Datos	Entel	3.050	846
Walding	Int. Electronics	435	74,20
Hallios	Division Naval INI	6.600	4.000
Euroláser	Láser Quanta, Criláser, ENOSA, Pedret, G. H. Industrial, M. Torres, Int. Electronics	1.000	104
Cosine	Secretaría de Estado de Universidades	200	10
Paradí	Matrici	4.000	200
Famos	Centurión e Ikerlan	350	52
Semillas Cereales	Sesibérica	396	391
Láser C02 25 kw	Int. Electronics	721	35
Flabex	IGC	680	170
		108.847	22.955

FUENTE: *El País,* 15-9-87.

Estas conclusiones incitaron la aprobación de varios programas europeos de investigación científica, a los que España se ha ido aproximando desde antes de la adhesión, en los diferentes campos que suponen hoy día los frentes pioneros de la ciencia y de la tecnología con más efectos sobre el desarrollo económico. Así, en lo referente a las nuevas tecnologías de la información, la Comisión aprobó el programa ESPRIT, que ha conseguido varios logros importantes en el terreno de los superconductores (arseniuro de galio), de la compatibilidad de los equipos informáticos (proyecto PCTE), en los sistemas expertos (proyecto Omega); y en el de automatización de oficinas (proyecto Herode). Otra línea de acción prioritaria ha sido las nuevas tecnologías de las telecomunicaciones que abarca el programa RACE, con especial atención a los procesos de digitalización y a las fibras ópticas. Su logro más importante es haber definido la estructura de la futura red europea de banda ancha. Especial atención han merecido también las investigaciones biotecnológicas, con interesantes aplicaciones agroalimentarias, logradas en los laboratorios de Leyden, Gante y Colonia. Por último, en el terreno de las tecnologías industriales son notables los logros de los programas BRITE (láser de fundición), EURAM (nuevos materiales), JET (fusión termonuclear), etc., y algún otro más antiguo, como el del Airbús. También podrían incluirse algunos otros programas de la Agencia Europea del Espacio (ESA), que no depende de la CEE pero que son consecuencia de la colaboración europea, con importantes logros como el Ariane y el Spacelab.

El poder participar en esta amplia gama de proyectos, aunque sea de forma minoritaria, es una posibilidad de futuro para la investigación española, que nunca se hubiera podido lograr independientemente. El logro de una tecnología común y la transferencia científica, que supone los intercambios de personal investigador, etc., en un país de tan pobre desarrollo investigador como el nuestro, constituye la mejor forma de superar el atraso y marginación de nuestra ciencia. Parodiando a Unamuno, podría decirse que ya no sólo inventan ellos.

La participación española en los proyectos de investigación europeos ha aumentado tras la adhesión. Así, empresas españolas participan en una veintena de proyectos del programa EUREKA, con una aportación inicial de casi 23.000 millones de pesetas, lo que supone más del 20% de la financiación total de los mismos. Es importante la colaboración española en proyectos de automatización, biotecnología y nuevos materiales.

La colaboración en proyectos de investigación científica y técnica es, tan sólo, una dimensión de lo que significativamente se denomina ya como el «espacio cultural europeo». Nacida con una finalidad económica, la Comunidad ha buscado siempre unas señas de identidad colectiva que afianzaran los comunes intereses comerciales. Es evidente que aquélla no puede ser otra que el patrimonio cultural. En su defensa, protección y divulgación entre los ciudadanos europeos, la Comisión pone en la actualidad un especial empeño. Como se puso de manifiesto en la conferencia de Florencia de marzo de 1987, el colonialismo cultural puede representar tanto peligro para el proyecto europeo como la dependencia tecnológica y el subdesarrollo científico. En este terreno la aportación española es obviamente muy importante.

El desarrollo de actividades comunitarias en el campo de la salud: libre establecimiento de profesionales de la sanidad, programa de lucha y prevención del cáncer, unificación y colaboración de las investigaciones europeas sobre el Sida, etc., es otro de los campos en los que la colaboración comunitaria puede dar excelentes resultados que beneficiarán muy directamente a los ciudadanos. Lo mismo puede decirse de otras manifestaciones comunitarias deportivas, recreativas y turísticas, menos trascendentes que las anteriores, pero igualmente importantes en la consecución de una ciudadanía común.

6.4. Calidad de vida y medio ambiente

La defensa y protección del medio ambiente europeo es uno de los objetivos prioritarios de la Comisión de las Comunidades que declaró a 1987 Año Europeo del Medio Ambiente. Sin embargo, como en otros aspectos de este capítulo, la política comunitaria de medio ambiente es relativamente reciente. En el Tratado de Roma no había ninguna disposición concreta sobre la misma, pues en 1957 los problemas del medio y la sensibilidad ecológica eran muy diferentes. Tan sólo una referencia al desarrollo *armonioso* de las actividades económicas, que implícitamente podría considerarse como un deseo de protección del medio. Por el contrario, en el Acta Unica se crea un Título nuevo, el VII, que se añade a la tercera parte del Tratado constitutivo de la CEE, dedicado en exclusiva al *Medio Ambiente,* estableciendo una amplia capacidad comunitaria al respecto. Entre ambos documentos hay una larga experiencia de desastres ecológicos, de desarrollo económico incontrolado y de creciente conciencia proteccionista que explican este cambio de actitud. Los desastres de Seveso y de Chernobyl, la contaminación de las aguas del Rin por los vertidos de una industria farmacéutica, las *mareas negras* de los accidentes marítimos del Torre Canyon, del Amoco Cádiz, del Urquiola o el más reciente del Casón, la contaminación de las grandes ciudades europeas, la *lluvia ácida* que afecta a gran parte de los bosques centroeuropeos, los vertidos en el Mediterráneo, etc., son sólo un somero repertorio de los graves peligros que amenazan al medio natural del continente y que sólo comunitariamente pueden ser conjugados. Si este medio no tiene fronteras, tampoco las tiene la contaminación, por lo que se impone una actitud colectiva al respecto. Además, la descoordinación de las diversas políticas nacionales puede ser perjudicial no sólo para el medio ambiente sino también para la fluidez y transparencia del mercado común.

Por eso, ya en 1972 el Consejo Europeo celebrado en París sentenció que la expansión económica no es un fin en sí misma y que es preciso evaluar siempre los costes que supone, muy significativamente, los ecológicos. A partir de esa fecha se pusieron en marcha varios programas europeos de protección del medio (1973, 1977, 1983 y 1987, coincidiendo este último con la declaración del Año Europeo del Medio Ambiente). Sus líneas prioritarias consisten en disminuir la contaminación atmosférica, tanto urbana como industrial, limitar los ruidos, mejorar la gestión del espacio y los recursos, controlar el impacto de los productos químicos (detergentes, disolventes, pesticidas, etc.), proteger la fauna y la flora del continente, sobre todo de las especies en peligro de extinción, y, por último, una mayor seguridad nuclear. La Comisión financia también las investigaciones para conocer nuevas técnicas de protección ecológica o trabajos que evalúen los impactos ambientales.

La incorporación de España a esta normativa comunitaria supone una importante contribución. En primer lugar, porque España, como país mediterráneo, sufre con especial intensidad problemas de degradación ambiental, desertización, contaminación, especulación, vertidos, etc., acentuados por las especiales características del desarrollismo español de los años sesenta y por el extraordinario interés de su fauna y flora. Por eso el medio ambiente, sus problemas y su defensa se convierte en una de las reivindicaciones de la nueva sociedad española, junto a la democracia y la incorporación a Europa. La Constitución Española de 1978 es la primera que recoge, en su artículo 45, esos objetivos.

En segundo lugar, porque la incorporación de España y Portugal, y poco antes de Grecia, supone un cambio radical de los problemas medioambientales que afectaban a la Europa de nueve países, básicamente septentrionales y predominantemente húmedos. Las medidas ambientales ya no pueden ser tan sólo de prevención y control, han de pasar a la regeneración. Se calcula que más de 25 millones de hectáreas de suelo agrícola están gravemente amenazadas por la erosión y la desertización. Los incendios forestales se cobran anualmente una importante cuota en la destrucción del medio europeo. La desecación de las tablas de Daimiel, la desertización de amplias zonas del SE peninsular, los problemas de Doñana, etc., son cuestiones tan graves como la contaminación convencional de los espacios industriales.

Por eso, la Comisión ha promovido recientemente el Programa AQUARIO, de defensa del mar, que intenta prohibir los vertidos nocivos y lograr una mayor seguridad en el transporte. Dentro de éste, el plan MEDESPA (Mediterráneo, estratregia y plan de acción), aprobado en 1986, cuyos objetivos principales pueden cifrarse en proteger las aguas del mar y de abastecimiento, controlar la eliminación de desechos, proteger las especies en peligro de extinción y promover una más adecuada gestión del suelo, con lo que se abordan tanto las consecuencias como las causas de la grave situación de deterioro a la que ha llegado la cuenca mediterránea.

7.

Conclusión: El porvenir de España y el futuro de Europa

Para un español la conclusión de todo lo que hemos visto podía ser bien sencilla: una antigua aspiración al fin realizada pero con ciertos reparos y algunos inconvenientes. Pero después de todo lo dicho y en buena lógica con ello, la auténtica conclusión no debe ser hecha desde el lado español sino desde el europeo. Se trata de saber qué puede aportar España a la reciente formada Comunidad de los Doce y qué cambios se producirán en nuestro país como consecuencia de esa homogeneización comunitaria en relación con lo que Europa y la CEE son en la actualidad, sino con lo que serán cuando la integración de España y Portugal sea completamente efectiva.

La primera de esas cuestiones, la aportación de España, puede ser contestada con bastante simplicidad desde una perspectiva cuantitativa citando las variables geográficas y económicas: 504,8 mil kilómetros cuadrados, segundo país por su extensión superficial de la Comunidad, casi 40 millones de habitantes, más de 200.000 millones de ECUs de PIB, etc. También se puede precisar más con algún aspecto cualitativo, como la población activa y su distribución, el paro, la potencialidad pesquera o las relaciones con Iberoamérica, etc. Pero todo ello deja intacto el problema principal: ¿qué va a pasar?, ¿en qué notaremos el cambio? Porque está claro que ni para España ni para la Comunidad la situación será la misma que era. No se trata de una simple adición de variables, sino de un cambio cualitativo profundo en ambas partes en un particular momento histórico.

Ya en los años veinte el conde de Keyserling acertaba a ver el papel futuro de España en Europa, entre divagaciones y lirismos, con una lucidez premonitoria:

> *En la* síntesis Europa *adquiere justamente lo peculiar, una peculiar significación. En ella España sólo significará algo en cuanto sea distinta de los demás países y haga sonar con particular pureza un tono singular de la vida que forma parte del acorde total de ésta. Pero*

> *justamente en este sentido España puede tener una importancia extraordinaria en el mundo nuevo que nace.*
>
> (KEYSERLING, 1929, p. 87.)

Años después, Julián Marías volverá a insistir en ese carácter dual y complejo de la esencia europea:

> *Porque Europa nos aparece realizada en una pluralidad de naciones, sin las cuales no es nada; y ellas, a su vez, están hechas* de Europa, *constituye su verdadera sustancia.*
>
> (MARÍAS, 1987, p. 11.)

Como en tantas otras ocasiones esas interpretaciones teóricas de la realidad europea tienen su reflejo práctico inmediato. La CEE fue, en sus orígenes, una construcción continental, basada en la alianza francoalemana que personificaba el núcleo central y continental más estricto de Europa y que del lado geográfico se articulaba en torno al Rin, al Ródano y al Po. Hasta que, tras la Segunda Guerra Mundial, no fue posible esa alianza, tampoco lo fue la primera piedra de la unidad europea. La primera Comunidad de seis miembros era una construcción básicamente francoalemana constituida por estas dos potencias, el Benelux zona de influencia histórica de ambas y prolongada hacia el Mediterráneo por el Ródano y el Po. En definitiva, el *eje central* de la Europa occidental que se remonta hasta la Lotaringia medieval. Junto a este *centro,* de países puramente *intraeuropeos,* como los definiera Marías, caracterizados por ser culturas «enterizas», elementos puros de *europeidad per se* en expresiva frase de Díaz-Plaja, hay otras zonas europeas como el Reino Unido, la Península Ibérica, o las zonas al este del Elba y del Danubio, *periféricas, fronterizas* o *transeuropeas* que han aportado a lo largo de la Historia otros modelos de europeidad, distintos a los francoalemanes y renanos. Y lo más significativo es que son las últimas zonas las que han desempeñado un papel más decisivo en los momentos más trascendentes de la historia del Continente. Fue allí donde se defendió el baluarte europeo frente a los árabes del sur o los turcos del este; y fue desde allí desde donde se organizó, por británico e ibéricos, las más importantes expansiones de la cultura europea.

La historia de la CEE reproduce, en cierto modo, esa constante de la cultura continental. Si el núcleo original fue central y *enterizo,* la primera ampliación supuso la apertura hacia la periferia septentrional anglosajona. La última lo ha sido hacia la frontera ibérica, meridional y mediterránea. El resultado es que la Comunidad de Doce poco tiene que ver con la originaria de Seis miembros y no sólo por el número ni por la coyuntura económica en que se produce la ampliación, sino porque las bases de la Comunidad son totalmente diferentes. Sólo ahora podemos preguntarnos con real sentido, ¿qué aporta España y también Portugal a esa Comunidad ampliada?

Lo primero y más evidente es un desplazamiento del centro de gravedad de la CEE hacia el Mediterráneo. Este hecho no supone por sí mismo un reequilibrio europeo entre el norte rico y el sur pobre. Las diferencias de renta seguirán siendo importantes, es más, la incorporación de España y Portugal, y anteriormente Grecia, no ha hecho más que aumentar las diferencias y añadir nuevas *bolsas de pobreza* a las pocas que hasta entonces existían en la CEE. Esta ya no es un «club de naciones ricas», aunque su posición en el conjunto mundial siga siendo envidiable. Los comunitarios son conscientes que la unión aduanera y la libre circulación harán más ricas a las regiones ricas y más profundo el abismo que las separe de las pobres. La nueva CEE debe dedicar una atención prioritaria a las políticas y fondos estructurales para el desarrollo. Si hasta ahora lo fundamental era el desarme arancelario, la armonización fiscal y la libre competencia, ahora ha llegado el momento de potenciar el FEDER, el FSE, de desarrollar y extender los PIM (Programas Integrados Mediterráneos), etcétera.

Esta situación impone, ante todo, un desafío a los propios países mediterráneos; es el reto que ha estado presente a lo largo de todas estas páginas. La libre competencia supondrá un duro choque para los nuevos miembros, es previsible un descenso o estancamiento de su PIB y unos años de balanzas comerciales negativas, en los que el paro y la economía sumergida seguirán estando presentes en la vida económica española.

La integración desencadena también otros mecanismos positivos debidos al menor desarrollo económico de nuestro país en relación con la media comunitaria, y su mayor flexibilidad en época de crisis. Es posible una mejor adaptación a las nuevas circunstancias de la sociedad posindustrial y se confía que, a medio o largo plazo, los frutos de la actual reconversión sean favorables. Esta es la tónica que parece incitar la inversión extranjera en España, y la implantación de filiales de las grandes multinacionales. En el otro extremo también hay que tener en cuenta las posibilidades de la PYMES, sobre todo en aquellos sectores antiguamente artesanales en los que la calidad del diseño o el ingenio en la concepción pueden suponer un excelente punto de partida para las empresas españolas. En este terreno, el ejemplo de Italia ha de tenerse presente.

Por último, la ampliación comunitaria abre la posibilidad de una integración mediterránea y la formación de lo que algunos autores han llamado un *polo industrial sud-europeo (Documentation,* 1986, pp. 141-142), basado en los centros de tradición industrial ya existentes: Alpes-Ródano, Cataluña, el valle del Po, etc., supondría un modelo de desarrollo acorde con la coyuntura económica de finales del siglo XX, con un tímido reflejo, o espejismo, de California y el Silicon Valley. Pero se oponen dos obstáculos principales, la descoordinación económica y territorial de los centros aludidos, y la dependencia tecnológica respecto al Norte europeo y a los EE.UU. que caracteriza a la Europa mediterránea. El primero debido al escaso desarrollo del Midi francés podrá ser solventado si la adhesión de España, como se espera, hace disminuir los obstáculos fronterizos y desarrolla toda la zona desde el Ebro a la Toscana. Pero la dependencia tecnológica es, de momento, insuperable, por lo que, en el mejor de los casos, esta área industrial mediterránea tendrá que contentarse con tener una «tecnología intermedia o ser intermediaria tecnológica» *(Documentation,* 1986, p. 143).

Junto a ello no se puede desdeñar el efecto incentivador que la integración de los países ibéricos, recién recuperada su democracia, ha producido en los miembros comunitarios en plena crisis económica. Si como se ha dicho tantas veces Europa es una unidad cultural, más allá de la integración económica, es fundamental la incorporación a ese proyecto de dos naciones, como Portugal y España, que han contribuido en gran medida a la formación de ese patrimonio común. La península Ibérica, que tantas veces ha sido definida como un «continente en miniatura», como una «Europa a menor escala», sintetiza algo de la personalidad europea que puede servir para definir el futuro comunitario de cara al siglo XXI. Un proyecto supranacional del occidente europeo en el que las raíces de éste, humanismo, libertad, individualismo, etc., sean valores que oponer a las *civilizaciones masa* de otras latitudes. Desde esta perspectiva la ampliación no es más que un revulsivo para que las naciones europeas sean capaces de sacudirse sus limitaciones nacionales, superar el estancamiento que arrastran desde 1973, que ha sido bautizado como *euroesclerosis,* y contestar al reto americano o japonés. Sin duda fue una casualidad, pero una casualidad bien significativa, que los primeros Consejos Europeos a los que España asistió como invitada tras la firma del Tratado de Adhesión fueron las cumbres de Milán, en la que se dio luz verde al proyecto EUREKA, y la de Luxemburgo, seis meses después, en la que se llegó a un acuerdo sobre el Acta Unica Europea, que supondrá un sustancial avance en el proceso de auténtica unidad continental.

Ha sido el mismo Jaques Delors el que ha sintetizado, en varias ocasiones, los objetivos más inmediatos de esta nueva etapa del desarrollo comunitario:

- Reforzar la economía europea aprovechando las ventajas de un mercado plenamente unificado.
- Dotar a la Comunidad de una personalidad propia en la escena internacional.
- Conferir una dimensión cultural a la Comunidad ampliada.
- Recobrar el método, el espíritu y la voluntad de los fundadores de la Comunidad Europea. (*Papeles de Economía Española,* núm. 25, páginas VI-VII.)

En todos estos objetivos puede ser importante la colaboración de España, siempre que ésta sea capaz de mejorar y agilizar su administración, extender y modernizar el sistema educativo, cambiar muchas de las prácticas de otros tiempos. En definitiva, se trata de intentar ser y comportarse como los europeos, sin que, para ello haga falta dejar de ser españoles. La europeización no tiene por qué ser, tan sólo, una imitación de los modelos exteriores, puede ser también una mejora de los nuestros. Por ello, un intelectual español, gran conocedor del tema de España y de Europa, Laín Entralgo, ha esbozado algunas de las respuestas que nuestro país debiera dar al reto europeo y que, en síntesis, pueden resumirse en tres:

- Reconsiderar sin complejos nuestra historia.
- Aportar nuestra dimensión universal a lo europeo.
- Denunciar los excesos de Europa en otro tiempo, para evitar repetirlos. (LAÍN, 1986, p. 30).

1. Apéndice documental

1. TRATADO DE ROMA

Art. 1. Por el presente Tratado, las Altas Partes Contratantes constituyen entre sí una COMUNIDAD ECONOMICA EUROPEA.

Art. 2. La Comunidad tendrá por misión promover, mediante el establecimiento de un mercado común y la progresiva aproximación de las políticas económicas de los Estados miembros, un desarrollo armonioso de las actividades económicas en el conjunto de la Comunidad, una expansión continua y equilibrada, una estabilidad creciente, una elevación acelerada del nivel de la vida y relaciones más estrechas entre los Estados que la integran.

Art. 3. A los fines enunciados en el artículo anterior, la acción de la Comunidad llevará consigo, en las condiciones y según el ritmo previsto en el presente Tratado:

a) la supresión, entre los Estados miembros, de los derechos de aduana y de las restricciones cuantitativas a la entrada y salida de las mercancías, así como de cualesquiera otras medidas de efecto equivalente;

b) el establecimiento de un arancel aduanero común y de una política comercial común respecto de terceros Estados;

c) la supresión, entre los Estados miembros, de los obtáculos a la libre circulación de personas, servicios y capitales;

d) el establecimiento de una política común en el sector de la agricultura;

e) el establecimiento de una política común en el sector de los transportes;

f) el establecimiento de un régimen que garantice que la competencia no será falseada en el mercado común;

g) la aplicación de procedimientos que permitan coordinar las políticas económicas de los Estados miembros y superar los desequilibrios de sus balanzas de pagos;

h) la aproximación de las legislaciones nacionales en la medida necesaria para el funcionamiento del mercado común;

i) la creación de un Fondo Social Europeo, con objeto de mejorar las posibilidades de empleo de los trabajadores y contribuir a la elevación de su nivel de vida;

j) la constitución de un Banco Europeo de inversiones, destinado a facilitar la expansión económica de la Comunidad mediante la creación de nuevos recursos;

k) la asociación de los países y territorios de Ultramar, a fin de incrementar los intercambios y promover en común el desarrollo económico y social.

Art. 9. 1. La Comunidad se basará en una unión aduanera, que abarcará la totalidad de los intercambios de mercancías y que implicará la prohibición, entre los Estados miembros, de los derechos de aduana de importación y exportación y de cualesquiera exacciones de efecto equivalente, así como la adopción de un arancel aduanero común en sus relaciones con terceros países.

2. Las disposiciones de la Sección primera del Capítulo 1 y las del Capítulo 2 del presente Título se aplicarán a los productos originarios de los Estados miembros y a los productos procedentes de terceros países que se encuentren en libre práctica en los Estados miembros.

Art. 113. 1. Tras la expiración del periodo transitorio, la política comercial común se basará en principios uniformes, particularmente por lo que se refiere a las modificaciones arancelarias, la celebración de acuerdos arancelarios y comerciales, la consecución de la uniformidad de las medidas de liberalización, la política de exportación, así como las medidas de protección comercial, y, entre ellas, las que deban adoptarse en caso de *dumping* y subvenciones.

2. Para la ejecución de esta política comercial común, la Comisión presentará propuestas al Consejo.

3. En caso de que deban negociarse acuerdos con terceros países, la Comisión presentará recomendaciones al Consejo, el cual habrá de autorizar la apertura de las negociaciones necesarias.

La Comisión llevará a cabo dichas negociaciones consultando a un Comité especial, designado por el Consejo para asistirla en dicha tarea, en el marco de las directrices que el Consejo pueda dirigirle.

4. En el ejercicio de las atribuciones que le confiere el presente artículo, el Consejo decidirá por mayoría cualificada.

Art. 237. Cualquier Estado europeo podrá solicitar el ingreso como miembro de la Comunidad. Dirigirá su petición al Consejo que, tras obtener el dictamen de la Comisión, se pronunciará por unanimidad.

Las condiciones de admisión y las adaptaciones del presente Tratado que ello implique serán objeto de un acuerdo entre los Estados miembros y el Estado solicitante. Dicho acuerdo se someterá a la ratificación de todos los Estados contratantes, de conformidad con sus respectivas normas constitucionales.

Este articulo ha sido reformado por el artículo 8 del Acta Unica Europea en los siguientes términos:

Art. 8. En el artículo 237 del Tratado CEE, el párrafo primero será sustituido por las disposiciones siguientes:

«Cualquier Estado europeo podrá solicitar el ingreso como miembro de la Comunidad. Dirigirá su petición al Consejo, que se pronunciará por unanimidad después de haber consultado a la Comisión y previo dictamen conforme del Parlamento Europeo, el cual se pronunciará por mayoría absoluta de los miembros que lo componen.»

Art. 238. La Comunidad podrá celebrar con un tercer Estado, una unión de Estados o una organización internacional, acuerdos que establezcan una asociación que entrañe derechos y obligaciones recíprocas, acciones comunes y procedimientos particulares.

Tales acuerdos serán concluidos por el Consejo, que decidirá por unanimidad, previa consulta a la Asamblea.

Cuando estos acuerdos impliquen enmiendas al presente Tratado, estas últimas deberán ser previamente adoptadas según el procedimiento previsto en el artículo 236.

Igualmente, este artículo ha quedado reformado por el número 9 del Acta Unica, que dice:

Art. 9. En el artículo 238 del Tratado CEE, el párrafo segundo será sustituido por las disposiciones siguientes:

«Tales acuerdos serán concluidos por el Consejo, que decidirá por unanimidad, previo dictamen conforme del Parlamento Europeo, el cual se pronunciará por mayoría absoluta de los miembros que lo componen.»

2. TRATADO DE ADHESION DE ESPAÑA A LA CEE

ARTICULO 1

1. El Reino de España y la República Portuguesa pasan a ser miembros de la Comunidad Económica Europea y de la Comunidad Europea de la Energía Atómica y partes en los Tratados constitutivos de dichas Comunidades, tal como han sido modificados o completados.

2. Las condiciones de admisión y las adaptaciones de los Tratados consecutivos de la Comunidad Económica Europea y la Comunidad Europea de la Energía Atómica que dicha admisión requiere figuran en el Acta adjunta al presente Tratado. Las disposiciones de dicha Acta relativas a la Comunidad Económica Europea y a la Comunidad Europea de la Energía Atómica serán parte integrante del presente Tratado.

3. Las disposiciones relativas a los derechos y obligaciones de los Estados miembros, así como a los poderes y competencias de las instituciones de las Comunidades, contenidas en los Tratados mencionados en el apartado 1, se aplicarán con respecto al presente Tratado.

ARTICULO 2

1. El presente Tratado será ratificado por las altas partes contratantes de conformidad con sus respectivas normas constitucionales. Los instrumentos de ratificación serán depositados ante el Gobierno de la República Italiana, a más tardar, el 31 de diciembre de 1985.

2. El presente Tratado entrará en vigor el 1.º de enero de 1986, siempre que se hubieren depositado, antes de esta fecha, todos los instrumentos de ratificación y se hubieren depositado, en dicha fecha, todos los instrumentos de adhesión a la Comunidad Europea del Carbón y del Acero.

Sin embargo, si uno de los Estados a que se refiere el apartado 1 del artículo 1 no hubiere depositado, a su debido tiempo, sus instrumentos de ratificación y de adhesión, el Tratado entrará en vigor para el otro Estado que hubiere efectuado dichos depósitos. En tal caso, el Consejo de las Comunidades Europeas, por unanimidad, decidirá inmediatamente las adaptaciones que resulte por ello indispensable efectuar en el artículo 3 del presente Tratado y en los artículos 14, 17, 19, 20, 23, 383, 384, 385, 386, 388, 397 del Acta de adhesión, en las disposiciones de su anexo I relativas a la composición y al funcionamiento de los diversos comités y en los artículos pertinentes del Protocolo número 1 sobre los Estatutos del Banco Europeo de Inversiones anejo a dicha Acta; asimismo podrá, por unanimidad, declarar caducas o bien adaptar las disposiciones del Acta mencionada que se refieran expresamente al Estado que no hubiere depositado sus instrumentos de ratificación de adhesión.

3. No obstante lo dispuesto en el apartado 2, las instituciones de la Comunidad podrán adoptar, antes de la adhesión, las medidas contempladas en los artículos 27, 91, 161, 163, 164, 165, 171, 179, 258, 349, 351, 353, 366, 378 y 396 del Acta de adhesión y en los artículos 2, 3 y 4 del Protocolo número 2. Estas medidas únicamente entrarán en vigor en el supuesto de que se produzca la entrada en vigor del presente Tratado y en la fecha de la misma.

ARTICULO 3

El presente Tratado, redactado en un ejemplar único, en lengua alemana, lengua danesa, lengua española, lengua francesa, lengua griega, lengua inglesa, lengua irlandesa, lengua italiana, lengua neerlandesa y lengua portuguesa, cuyos textos en cada una de estas lenguas son igualmente auténticos, será depositado en los archivos del Gobierno de la República Italiana, que remitirá una copia certificada conforme a cada uno de los Gobiernos de los restantes Estados signatarios.

3. PROTOCOLO RELATIVO A LOS ASPECTOS REGIONALES

LAS ALTAS PARTES CONTRATANTES,

DESEANDO resolver ciertos problemas particulares que interesan a España,

HAN CONVENIDO LAS DISPOSICIONES SIGUIENTES:

RECORDAR que los objetivos fundamentales de la Comunidad Económica Europea comportan la mejora constante de las condiciones de vida y empleo de los pueblos de los Estados miembros, así como el desarrollo armónico de sus economías que reduzca las diferencias entre las diversas regiones y el retraso de las menos favorecidas;

TOMAR CONSTANCIA del hecho de que el Gobierno español está comprometido en la puesta en práctica de una política de desarrollo regional que tienda fundamentalmente a favorecer el crecimiento económico de las regiones y zonas menos desarrolladas de España;

RECONOCER que es de su interés común que se alcancen las finalidades de esta política;

CONVENIR, a fin de facilitar al Gobierno español el cumplimiento de esta tarea, en recomendar a las instituciones de la Comunidad la puesta en práctica de todos los medios y procedimientos previstos por la reglamentación comunitaria y especialmente el recurso a un empleo adecuado de los fondos comunitarios destinados a la realización de los objetivos de la Comunidad antes aludidos;

RECONOCER en particular que, en el caso de aplicación de los artículos 92 y 93 del Tratado CEE, será preciso tener en cuenta los objetivos de expansión económica y de incremento del nivel de vida de la población de las regiones y zonas menos desarrolladas de España.

4. DECLARACION COMUN DE INTENCIONES

Relativas al desarrollo y a la intensificación de las relaciones con los países de América Latina

(Declaración Aneja al Acta Final de Adhesión)

La Comunidad:

- confirma la importancia que atribuye a los lazos tradicionales que mantiene con los países de América Latina y a la estrecha cooperación que ha desarollado con estos países;
- recuerda, en ese contexto, el reciente encuentro ministerial de San José de Costa Rica;
- reafirma, con ocasión de la adhesión de España y de Portugal, su voluntad de extender y de reforzar sus relaciones económicas, comerciales y de cooperación con estos países;
- está resuelta a intensificar su acción para aprovechar todas las posibilidades de alcanzar dicho objetivo de forma que permita contribuir en particular al desarrollo económico y social de la región latinoamericana, así como a sus esfuerzos de integración regional;
- se dedicará de forma muy particular a concretar los medios que permitan reforzar los lazos existentes, el desarrollo, la extensión y la diversificación de los intercambios en toda la medida de lo posible así como a la realización de una cooperación en los diversos sectores de interés común sobre bases lo más amplias posibles, empleando para ello los instrumentos y los marcos adecuados a fin de aumentar la eficacia de las diversas formas de cooperación;
- está dispuesta, a fin de favorecer las corrientes de intercambios, a proceder desde el momento de la adhesión, al examen de los problemas que podrían plantearse en el sector comercial para buscar soluciones apropiadas, teniendo en cuenta, en particular, el alcance del sitema de preferencias arancelarias generalizadas, así como de la aplicación de los acuerdos de cooperación económica celebrados o por celebrar con determinados países o grupos de países latinoamericanos.

5. ACTA UNICA EUROPEA

Su Majestad el Rey de los belgas.

Su Majestad la Reina de Dinamarca.

El Presidente de la República Federal de Alemania.

El Presidente de la República Helénica.

Su Majestad el Rey de España.

El Presidente de la República Francesa.

El Presidente de Irlanda.

El Presidente de la República Italiana.

Su Alteza Real el Gran Duque de Luxemburgo.

Su Majestad la Reina de los Países Bajos.

El Presidente de la República Portuguesa.

Su Majestad la Reina del Reino Uni-

do de Gran Bretaña e Irlanda del Norte.

Animados por la voluntad de proseguir la obra emprendida a partir de los Tratados constitutivos de los Comunidades Europeas y de transformar el conjunto de las relaciones entre sus Estados en una Unión Europea, de conformidad con la Declaración solemne de Stuttgart de 19 de junio de 1983.

Resueltos a construir dicha Unión Europea basándola, por una parte, en unas Comunidades que funcionen con arreglo a normas propias y, por otra, en la Cooperación Europea entre los Estados signatarios en materia de política exterior, y a dotar a dicha Unión de los medios de acción necesarios,

Decididos a promover conjuntamente la democracia, basándose en los derechos fundamentales reconocidos en las Constituciones y leyes de los Estados miembros, en el Convenio Europeo para la Protección de los Derechos Humanos y de las Libertades Fundamentales y en la Carta Social Europea, en particular la libertad, la igualdad y la justicia social,

Convencidos de que la idea europea, los resultados logrados en los ámbitos de la integración económica y de la cooperación política, así como la necesidad de nuevos desarrollos, responden a los deseos de los pueblos democráticos europeos, que ven en el Parlamento Europeo, elegido por sufragio universal, un medio de expresión indispensable.

Conscientes de la responsabilidad que incumbe a Europa de procurar adoptar cada vez más una postura uniforme y de actuar con cohesión y solidaridad, a fin de proteger más eficazmente sus intereses comunes y su independencia, así como de defender muy especialmente los principios de la democracia y el respeto del derecho y de los derechos humanos que reafirman, a fin de aportar conjuntamente su propia contribución al mantenimiento de la paz y la seguridad internacional de acuerdo con el compromiso que asumieron en el marco de la Carta de las Naciones Unidas,

Determinados a mejorar la situación económica y social mediante la profundización de las políticas comunes y la prosecución de nuevos objetivos, así como a asegurar un mejor funcionamiento de las Comunidades, permitiendo a las Instituciones el ejercicio de sus competencias en las condiciones más conformes al interés comunitario.

TITULO I

Disposiciones comunes

Artículo 1

Las Comunidades Europeas y la Cooperación Política Europea tienen como objetivo contribuir conjuntamente a hacer progresar de manera concreta la Unión Europea.

Las Comunidades Europeas se fundamentan en los Tratados constitutivos de la Comunidad Europea del Carbón y del Acero, de la Comunidad Europea y de la Comunidad Europea de la Energia Atómica, así como en los Tratados y actos subsiguientes que los han modificado o completado.

La Cooperación Política se regula en el Título III. Las disposiciones de dicho Título confirman y completan los procedimientos acordados en los Informes de Luxemburgo (1970), Copenhague (1973) y Londres (1981), así como en la Declaración solemne sobre la Unión Europea (1983), y las prácticas progresivamente establecidas entre los Estados miembros.

TITULO II

Disposiciones por las que se modifican los Tratados constitutivos de las Comunidades Europeas

TITULO III

Disposiciones sobre la Cooperación Europea en materia de política exterior

TITULO IV

Disposiciones generales y finales

2.
Apéndice estadístico

CUADRO 1

Evolución del comercio de España con la CEE (1962-1984)

Años	Número miembros CEE	Porcentaje sobre el total importaciones españolas	IDEM sobre exportaciones españolas	Grado Cobertura export-import
1962	Seis	32,5	34,5	59,1
1963	Seis	36,5	35,5	42,5
1964	Seis	39,1	36,9	45,8
1965	Seis	40,6	33,9	30,6
1966	Seis	40,8	32,1	31,2
1967	Seis	36,9	32,3	35,0
1968	Seis	34,1	28,6	37,8
1969	Seis	34,7	31,4	40,7
1970	Seis	32,8	36,1	55,2
1971	Seis	32,7	37,1	67,2
1972	Seis	33,4	35,5	59,5
1973	Nueve	42,8	47,8	60,1
1974	Nueve	36,0	47,4	60,5
1975	Nueve	34,7	44,6	60,9
1976	Nueve	33,1	46,4	69,8
1977	Nueve	34,2	46,3	77,8
1978	Nueve	34,6	46,3	93,5
1979	Nueve	35,9	48,0	95,7
1980	Nueve	30,7	49,4	97,2
1981	Diez	29,0	43,5	94,3
1982	Diez	31,3	47,0	95,3
1983	Diez	32,3	48,8	101,6
1984	Diez	33,4	49,1	119,8

FUENTE: REQUEIJO, 1985, p. 6.

CUADRO 2

Composición del comercio de España con la CEE - 1967-1984
(En porcentaje del total correspondiente)

	1967	1968	1969	1970	1971	1972	1973	1974	1975
EXPORTACION									
Alimentos, bebidas y tabacos	47,08	42,93	36,83	35,03	28,75	33,08	32,39	25,75	29,63
Materias primas	15,04	9,47	13,50	16,24	15,13	5,91	7,67	8,31	5,69
Combustibles y lubricantes	7,61	10,57	7,69	5,24	5,42	4,53	6,55	8,02	4,67
Productos químicos	5,62	5,89	5,25	4,45	3,82	4,03	6,90	4,14	4,14
Manufacturas	20,65	25,96	27,61	24,30	28,04	33,34	32,23	30,96	35,91
Maquinaria y material de transporte	4,00	5,18	9,12	14,74	18,84	19,41	17,13	20,06	19,96
IMPORTACION									
Alimentos, bebidas y tabacos	6,94	6,55	5,13	4,64	6,10	5,79	5,55	6,16	6,33
Materias primas	6,48	6,71	6,68	6,20	5,87	7,94	7,14	7,69	7,47
Combustibles y lubricantes	2,57	3,22	2,22	2,01	2,38	1,99	1,51	3,10	3,33
Productos químicos	14,13	17,11	17,22	17,47	17,27	16,42	17,26	19,40	16,19
Manufacturas	26,45	25,58	29,45	27,82	25,38	26,82	26,73	26,36	27,63
Maquinaria y material de transporte	43,43	40,83	39,30	41,86	43,00	41,04	41,81	37,29	40,05
	1976	1977	1978	1979	1980	1981	1982	1983	1984
EXPORTACION									
Alimentos, bebidas y tabacos	27,36	24,71	22,58	22,03	19,42	20,49	18,84	17,07	16,46
Materias primas	5,34	5,55	5,09	4,58	4,75	4,56	4,00	4,56	4,02
Combustibles y lubricantes	4,82	2,09	1,51	1,93	3,80	5,07	9,00	11,29	11,06
Productos químicos	4,58	4,62	4,89	6,33	5,47	5,87	5,69	5,85	5,68
Manufacturas	36,96	36,06	36,85	36,21	36,12	34,67	33,25	30,11	27,72
Maquinaria y material de transporte	20,94	26,97	29,08	28,92	30,44	29,34	29,22	31,12	35,06
IMPORTACION									
Alimentos, bebidas y tabacos	4,64	4,40	5,41	6,57	6,58	6,23	5,89	7,22	5,79
Materias primas	8,28	7,67	10,55	10,15	9,86	9,94	8,69	8,78	10,24
Combustibles y lubricantes	2,81	3,17	3,13	5,13	4,23	4,77	5,80	9,58	6,24
Productos químicos	18,67	18,12	18,73	18,25	15,45	16,41	15,46	15,41	15,94
Manufacturas	25,78	28,18	4,70	23,99	26,40	24,89	25,34	22,31	40,13
Maquinaria y material de transporte	39,82	38,46	37,48	35,91	37,48	37,76	38,82	36,70	21,66

FUENTE: REQUEIJO, 1985, p. 7.

CUADRO 3

Países con especiales lazos comerciales con la CEE (política comercial convencional)

Países del AELC - EFTA

Austria, Finlandia, Islandia, Noruega, Suecia, Suiza (1).

Países Mediterráneos

Argelia, Chipre, Egipto, Israel, Jordania, Líbano, Malta, Marruecos, Siria, Túnez, Turquía, Yugoslavia.

Países ACP

Antigua y Barbuda

Bahamas
Barbados
Belice
Benín
Botswana
Burkina Faso
Burundi

Camerún
Comores
Congo
Costa de Marfil

Djibuti
Dominica

Etiopía

Fidji

Gabón
Gambia
Ghana
Granada
Guayana
Guinea
Guinea-Bissau
Guinea Ecuatorial

Jamaica

Kenya
Kiribati

Lesotho
Liberia

Madagascar
Malawi
Mali
Mauricio
Mauritania
Mozambique

Niger
Nigeria

Papuasia-Nueva Guinea

República Centroafricana
República del Cabo Verde
Ruanda

Salomón
Samoa
Samoa Occidental
San Cristóbal y Nieves
San Vicente
Santa Lucía
Santo Tomé y Príncipe
Senegal
Seychelles
Sierra Leona
Somalia
Sudán
Surinam
Swaziland

Tanzania
Togo
Tonga
Trinidad y Tobago
Tuvalu

Uganda

Vanatu

Zaire
Zambia
Zimbabue

(1) No se incluye Portugal por ingresar en la CEE el 1-1-86.

CUADRO 4

Países beneficiarios del sistema de preferencias generalizadas de la Comunidad
(Política Comercial Autónoma)

- Afganistán
- Alto Volta
- Angola
- Antigua y Barbuda
- Arabia Saudita
- Argelia
- Argentina
- Bahamas
- Bahrein
- Bangladesh
- Barbados
- Belice
- Benín
- Bhutan
- Birmania
- Bolivia
- Botswana
- Brasil
- Burundi
- Camerún
- Colombia
- Comores
- Congo
- Corea del Sur
- Costa de Marfil
- Costa Rica
- Cuba
- Chad
- Chile
- Chipre
- Djibuti
- Dominica
- Ecuador
- Egipto
- El Salvador
- Emiratos Arabes Unidos
- Etiopía
- Fidji
- Filipinas
- Gabón
- Gambia
- Ghana
- Granada
- Guatemala
- Guayana
- Guinea
- Guinea-Bissau
- Guinea Ecuatorial
- Haití
- Honduras
- India
- Indonesia
- Irak
- Irán
- Jamaica
- Jordania
- Kampuchea
- Kenya
- Kiribati
- Kuwait
- Laos
- Lesotho
- Líbano
- Liberia
- Libia
- Madagascar
- Malasia
- Malawi
- Maldivas
- Mali
- Marruecos.
- Mauricio
- Mauritania
- México
- Mozambique
- Nauru
- Nepal
- Nicaragua
- Niger
- Nigeria
- Omán
- Pakistán
- Panamá
- Papuasia-Nueva Guinea
- Paraguay
- Perú
- Qatar
- República Centroafricana
- República del Cabo Verde
- República Dominicana
- Ruanda
- San Vicente
- Santa Lucía
- Salomón (Islas)
- Samoa Occidental
- San Cristóbal y Nieves
- Santo Tomé y Príncipe
- Senegal
- Seychelles y sus dependencias
- Sierra Leona
- Singapur
- Siria
- Somalia
- Sri Lanka
- Sudán
- Surinam
- Swaziland
- Tailandia
- Tanzania
- Togo
- Tonga
- Trinidad y Tobago
- Túnez
- Tuvalu
- Uganda
- Uruguay
- Vanatu
- Venezuela
- Vietnam
- Yemen del Norte
- Yemen del Sur
- Yugoslavia
- Zaire
- Zambia
- Zimbabue

FUENTE: MERRY DEL VAL, 1985.

Bibliografía

ABEJÓN, M., ARROYO, F., CAMARERO, C., MORÁN, J. M. (1986): *La Europa de los Doce.* Madrid, Salvat, 128 pp.

Breve estudio sintético y completo sobre las particularidades y futuro de la Europa ampliada.

ALONSO, A. (1985): *España en el Mercado Común. Del acuerdo del 70 a la Comunidad de los Doce.* Madrid, Espasa Calpe, 331 pp.

Interesante narración sobre las vicisitudes y particularidades de las largas negociaciones que condujeron al ingreso de España en la CEE.

BELTRÁN, L. (1966): *La integración económica europea y la posición de España.* Madrid, Tecnos, 105 pp.

Breve resumen de la perspectiva española sobre la integración económica europea en la década de los sesenta.

CAMILLERI, A. (Dir.) (1985): *La Agricultura española ante la CEE.* Madrid, Instituto de Estudios Económicos, 844 pp.

Conjunto de trabajos dirigidos por uno de los mejores conocedores del tema sobre las repercusiones en la agricultura española de nuestro ingreso en la CEE con una clara exposición de los problemas y perspectivas de futuro.

CEPEDA, J. (1975): *La historia de España vista por los extranjeros.* Barcelona, Planeta, 155 pp.

Documentado análisis del interés que la historia y los temas de España han suscitado en los intelectuales de países extranjeros.

DOCUMENTATION (1986): *L'Espagne et le Portugal dans la CEE Interrogations et enjeux.* París, Secrétariat Général du Gouvernement- Direction de la Documentation Française, 144 pp.

Excelente estudio sobre la problemática de la última ampliación comunitaria desde la perspectiva francesa y con el rigor y precisión que caracterizan las publicaciones de esta serie. Consta de varios estudios monográficos redactados por CHARLES-LE BIHAN, COURLET, DIBOUT, FLAESCH-MOUGIN, RAUX, TALGORN.

DÜRR, E. (1983): «Impulsos de crecimiento para la industria española a través del Mercado Común». En *España y las Comunidades Europeas.* Madrid, Alhambra, 239 pp.

Conferencia de su autor en el Tercer Simposio Internacional de Economía Social de Mercado, celebrado en Madrid en noviembre de 1981, que fue después publicada junto a las restantes aportaciones a dicho simposio, el cual versó sobre la problemática de la integración en la CEE.

GÓMEZ FUENTES, A. (1986): *Así cambiará España. La batalla del Mercado Común.* Barcelona, Plaza y Janés, 333 pp.

Ensayo en estilo periodístico directo y ameno sobre el impacto de la CEE en la economía de España, incluyendo también algunas tomas de posición sobre la problemática concreta de dicho impacto.

JURETSCHKE, H. (1940): *España ante Francia.* Madrid, Editora Nacional, 243 pp.

Documentado y detallado estudio sobre las opiniones, motivaciones, revulsivo y contradicciones entre las dos naciones vecinas a lo largo de la Historia, que constituyen el argumento fundamental de la polémica sobre el europeísmo en España.

KEYSERLING, CONDE DE. (1929): *Europa, análisis espectral de un contingente.* Madrid, Espasa Calpe, 377 pp.

Obra clásica sobre las particularidades culturales del continente europeo. Su autor hace un recorrido por los distintos países de Europa, intentanto definir lo específico de cada uno pero subrayando las raíces comunes. El capítulo dedicado a España recoge en gran medida la visión que en la época de entreguerras se tenía en Europa de nuestro país.

LAÍN ENTRALGO, P. (1986): «El reto de Europa», en *Visiones de España. Reflexiones en el camino hacia una España avanzada.* Barcelona, Círculo de Lectores, 364 pp.

Conferencia de su autor en el ciclo que organizado por el Círculo de Lectores se celebró en Barcelona a lo largo de 1985. Se trata de una meditada reflexión sobre la trascendencia económica, social y cultural de nuestra adhesión a la CEE y de la coyuntura histórica en que se produce.

LARRAZ, J. (1961): *La integración europea y España.* Madrid, Espasa Calpe, 141 pp.

Capítulo final que luego fue publicado aparte de los estudios que sobre la unidad económica de Europa fueron realizados por la Sociedad de Estudios Económicos, Españoles y Europeos entre 1951-1961. Tiene el especial interés de reflejar la posición española sintetizada por uno de los mejores economistas de la época en el momento inmediatamente anterior a nuestra primera solicitud de asociación.

LÜCKER, H. A. (1983): «La política de las Comunidades Europeas ante la integración de España». En *España y las Comunidades Europeas.*

Conferencia inaugural del Tercer Simposio del grupo internacional de economía social de mercado en la que se sintetizan algunos de los problemas que para la CEE representaba el inmediato ingreso español.

MARÍAS, J. (1963): *La España posible en tiempos de Carlos III.* Madrid. Servicio de Estudios y Publicaciones, 233 pp.

Estudio de un manuscrito inédito del siglo XVIII que revela las relaciones entre europeización y modernización durante el reinado de Carlos III, en momento clave de nuestra historia.

MARÍAS, J. (1987): *Ser español.* Barcelona, Planeta, 315 pp.

Conjunto de artículos, en su mayoría publicados con anterioridad, sobre distintos temas relativos a las características y particularidades de nuestro país y a sus más significativas relaciones internacionales. Son de destacar, «España y Europa en Moratín», «España en el marco histórico cultural de Europa» y la conclusión, «el proyecto de España».

PAPELES DE ECONOMIA ESPAÑOLA, 1985, núm. 25: *La nueva CEE. Perspectiva desde España.* Obra social de la confederación española de Cajas de Ahorro. Madrid, 498 pp.

Volumen monográfico que dicha revista dedicó a nuestro ingreso en la CEE, en colaboración con la revista «Información Comercial Española», que también dedicó a dicho tema los números 626, 627 y 628 de su colección, sólo que subrayando la perspectiva desde la Comunidad. Por ello, el volumen de *Papeles* constituye un excelente repertorio de la más diversa temática sobre el futuro de España en la CEE. Como en toda obra de este tipo, las aportaciones pueden ser algo desiguales, pero todas ellas reúnen un especial interés. En el texto se citan aquellos que estudian los aspectos con mayores implicaciones geográficas, que son las de:

ALVAREZ GÓMEZ PALLETE, J. M. y BONET, E.: «Efectos de la unión aduanera».
EGUIDAZU, S.: «El sistema monetario europeo: una alternativa para la peseta».
IRANZO, J.: «El sector energético español ante el EURATOM».
MANSITO, F.: «La situación especial de Canarias, Ceuta y Melilla».
MERRY DEL VAL, F.: «La política comercial comunitaria».
OLIVER, M.: «La política pesquera».
ORTÚN, P.: «La integración en la CECA y su repercusión para ESPAÑA».
REQUEIJO, J.: «Estación de llegada, estación de partida».
RORÍGUEZ INCIARTE, M.: «El Acta de Adhesión de España».
SÁENZ DE BURUAGA, G.: «La política regional de la CEE».

RACIONERO, Ll. (1987): *España en Europa.* Barcelona, Planeta, 217 pp.

Interesante y ameno estudio sobre las vicisitudes y la problemática de España en su incorporación a Europa en la línea con el pensamiento característico de este autor.

RIES, A. (1985): «El mercado común agrícola». En *Lecturas sobre la Agricultura España en la CEE.* Madrid. Ministerio de Agricultura, Pesca y Alimentación. Universidad Internacional Menéndez Pelayo, 1986.

Conferencia de su autor en el Seminario celebrado en Segovia sobre la agricultura española ante la adhesión a la CEE organizado por la Universidad Internacional Menéndez Pelayo y el Ministerio de Agricultura, que luego publicó los trabajos. El autor, jefe de la división de la Dirección General de Agricultura de la CEE, sintetiza brevemente los problemas de la PAC en el momento de la integración española.

SAINZ RODRÍGUEZ, P. (1962): *Evolución de las ideas sobre la decadencia española.* Madrid, Rialp, 578 pp.

Discurso de apertura del curso académico 1924-25 de la universidad complutense de Madrid, que constituye un excelente repertorio sobre problemática de la decadencia histórica de nuestra nación en la que el tema de las relaciones con Europa ha constituido un ingrediente primordial.

TAMAMES, R. (1972): *Acuerdo preferencial CEE-España y preferencias generalizadas.* Barcelona, Dopesa, 185 pp.

Interesante ensayo económico sobre el acuerdo de 1970, realizado poco después de su aprobación, con el que su autor quedó finalista en el Tercer Premio de Ensayo Mundo, y que hoy día tiene el interés de revelar la visión que en aquel entonces se tenía de nuestra polémica relación con la CEE.

TIÓ SARALEGUI, C. (1985): «La agricultura española y el tratado de adhesión a la CEE». En *Lecturas sobre la Agricultura Española ante la CEE.* Madrid, MAPA, 261 pp.

Conferencia del autor, presentada al mencionado Seminario de Segovia resumiendo un trabajo suyo publicado con anterioridad en el ya citado número monográfico de *Papeles de Economía,* el trabajo es una excelente síntesis de los problemas de nuestra agricultura en la CEE dada la cualificación de su autor en este tema.

Glosario de términos abreviados y siglas de instituciones comunitarias

AAC:	Arancel de Aduanas Común. También, TEC.
ACP:	Países «Africa-Caribe-Pacífico».
AELC:	Asociación Europea de Libre Comercio. También, EFTA.
ATT:	Americam Telephone and Telegraph.
BENELUX:	Unión Económica formada por Bélgica, Países Bajos y Luxemburgo.
BEI:	Banco Europeo de Inversiones.
CECA:	Comunidad Europea del Carbón y del Acero.
CEDEFOP:	Centro Europeo para el Desarrollo de la Formación Profesional.
CEDRE:	Consejo de las Regiones de Europa.
CEE:	Comunidad Económica Europea.
CEEA:	Comunidad Europea de la Energía Atómica. También, EURATOM.
CONSEO:	Conferencia de las Naciones sin Estado de la Europa Occidental.
COREPER:	Comité de Representantes Permanentes.
CTNE:	Compañía Telefónica Nacional de España.
ECU:	Unidad de Cuenta Europea.
EFTA:	European Free Trade Association. También, AELC.
EURATOM:	También, CEEA.
EUREKA:	European Research Coordination Agency.
FAST:	Previsión y Evaluación en el ámbito de la Ciencia y la Tecnología.
FED:	Fondo Europeo de Desarrollo.
FEDER:	Fondo Europeo de Desarrollo Regional.
FEOGA:	Fondo Europeo de Orientación y Garantía Agrícolas.
FSE:	Fondo Social Europeo.
GATT:	Acuerdo General sobre Aranceles y Comercio (General Agreement on Tariffs and Trade).
ICGI:	Impuesto Compensatorio Gravámenes Interiores.
I+D:	Investigación y Desarrollo.
IGTE:	Impuesto General Tráfico de Empresas.
INI:	Instituto Nacional de Industria.
IVA:	Impuesto del Valor Añadido.

MCA:	Montantes Compensatorios de la Adhesión.
MCI:	Mecanismos Complementarios de los Intercambios.
NIC:	Nuevo Instrumento Comunitario de Intervención.
OCM:	Organización Común de Mercado.
OCDE:	Organización de Cooperación y Desarrollo Económico.
OECE:	Organización Europea de Cooperación Económica. Antigua denominación de la OCDE.
OTAN:	Organización del Tratado del Atlántico Norte. También, NATO y Alianza Atlántica.
PAC:	Política Agrícola Común.
PDR:	Programa de Desarrollo Regional.
PEIN:	Programa Electrónico e Informático Nacional.
PIB:	Producto Interior Bruto.
PIM:	Programas Integrados Mediterráneos.
PYME:	Pequeña y Mediana Empresa.
REF:	Régimen Económico Fiscal.
SEDOC:	Sistema Europeo de Difusión de Ofertas de Trabajo.
SME:	Sistema Monetario Europeo.
SPG:	Sistema de Preferencia Generalizada.
TEC:	Tarifa Exterior Común. También, AAC.
UNCTAD:	Conferencia de las Naciones Unidas para el Desarrollo y el Comercio (United Nations Conference on Trade and Development).